Tasty Food
食在好吃

爱健康｜爱生活

ph 凤凰含章 Phoenix-HanZhang

Tasty Food
食在好吃

轻瘦美
果蔬菜汤汁288例

甘智荣 主编

江苏凤凰科学技术出版社　凤凰含章

图书在版编目（CIP）数据

轻瘦美果蔬菜汤汁288例 / 甘智荣主编 . -- 南京：
江苏凤凰科学技术出版社，2015.7
（食在好吃系列）
ISBN 978-7-5537-4233-5

Ⅰ.①轻… Ⅱ.①甘… Ⅲ.①果汁饮料 – 制作②蔬菜
– 饮料 – 制作 Ⅳ.① TS275.54

中国版本图书馆 CIP 数据核字 (2015) 第 049008 号

轻瘦美果蔬菜汤汁288例

主　　　编	甘智荣	
责 任 编 辑	樊　明　　葛　昀	
责 任 监 制	曹叶平　　周雅婷	

出 版 发 行	凤凰出版传媒股份有限公司
	江苏凤凰科学技术出版社
出版社地址	南京市湖南路 1 号 A 楼，邮编：210009
出版社网址	http://www.pspress.cn
经　　　销	凤凰出版传媒股份有限公司
印　　　刷	北京旭丰源印刷技术有限公司

开　　　本	718mm × 1000mm　1/16
印　　　张	10
插　　　页	4
字　　　数	250千字
版　　　次	2015年7月第1版
印　　　次	2015年7月第1次印刷

标 准 书 号	ISBN 978-7-5537-4233-5
定　　　价	29.80元

图书如有印装质量问题，可随时向我社出版科调换。

前言　Preface

爱美是女人的天性，但美丽不仅仅是拥有一副好容颜，体型与容颜一样重要。女人拥有着男人缺乏的曼妙曲线和肢体美感，只要能充分展现，就可以成为异性追逐的焦点、同性钦羡的对象。但是要怎样做才能成为一位窈窕美女呢？

许多人认为，瘦身就是减肥。其实不然，瘦身的含义比减肥更广。减肥，从字面意义上来解释，就是减少人们认为的多余的脂肪。现代人追求完美的、削瘦的体型已经到了极其苛刻的地步，尤其是年轻的女性，明明一点都不胖，却还觉得自己肥肉太多需要减肥。而从广义上来说，减肥，就是减少体重，减少体重的方式不单单是减少脂肪，还包括消除水肿，对于某些女性来说，甚至包括减少颇有男人味的肌肉。现代人减肥很大部分已经不是为了健康问题，而是为了塑造完美的体型，这其实是在瘦身的定义范围，既包括减轻重量来显瘦，还包括在不减重的情况下塑造完美的体型，而且比单纯的减肥更科学合理。

瘦身，换句话说，一个人的体重有可能没变，但是身材变得更削瘦更完美了，松松垮垮的赘肉变成了结实紧致、富有弹性的肌肉，那么瘦身的目的也就达到了，根本不需要以减少的重量来激励自己。有些靠吃泻药减肥的人，体重是明显下降了，但是体型很可能一点都没变，原本结实的肉变虚浮了，人的气色也变得很难看，这显然不如瘦身好。

所以说，女人要想轻松得到好身材，瘦身才是更好的选择。瘦身比减肥更健康、更理性，采取的方式也更科学。众所周知，科学合理的运动就是瘦身的好办法，网络上有许多轻松快速瘦身的运动教学视频，现实中也有许多女性选择练习瑜伽来塑造优美的体型。其实，合理的运动只是瘦身的一部分，而搭配健康的饮食会让您事半功倍。

本书汇集了时下最流行的瘦身、美容信息，精心挑选了百道最具有美容瘦身效果的菜品、汤品、羹品、蔬果汁，手把手教您用最健康的方式完成最美丽的蜕变。全书共分 4 章，通过介绍瘦身美容常识、常见食材药材以及上百种具有代表性的美白塑身菜、美容养颜羹、护肤滋补汤、消脂蔬果汁，让您足不出户就可以健康合理地安排膳食，并且在满足味蕾的同时还能做到清理肠道，排出毒素，让生活更健康轻松。此外，本书在内容构架安排上非常丰富，具有实操性，细微之处见真挚，希望您通过本书达到美容瘦身的目的，吃出健康，吃出美丽。

目录　Contents

PART 3
护肤滋补汤

PART 4
美白塑身菜

窈窕体型这样吃

　　如果您想在减掉多余脂肪的同时，过着舒适、愉快的生活，建议您不要苛求自己去尝试一个星期减掉 5 千克的方法。减重的速度最好维持在一周减掉 0.5~1 千克，快速激烈的减肥会使身体感到疲劳，同时也容易反弹。每日您应该保证摄入基本的营养：

每天五个"1"

　　1 杯牛奶，牛奶如果摄入不足，身体会吸收骨骼里的钙质来补充，这时指甲会缺少光泽，如果做运动，还容易受伤。

　　1 个鸡蛋，新鲜的鸡蛋中含有小鸡孵化前所需的优质蛋白质和矿物质，这也是人类每日必需的营养素。

　　1 个苹果，苹果是美容佳品，既能减肥，又可使皮肤润滑柔嫩。其所含的大量水分和各种保湿因子对皮肤有保湿作用，维生素 C 则能抑制皮肤中黑色素的沉着。保证一天一个苹果，可淡化面部雀斑及黄褐斑。另外，苹果中所含的丰富果酸成分可以使毛孔通畅，有祛痘作用。爱美的您，记得每天出门都带上一个苹果吧。香甜的苹果气息，不仅可以让您感到轻松愉悦，而且能让您拥有自然健康的美丽。

　　1 片脂肪少的肉，一片手掌大的鱼肉或其他脂肪含量少的肉热量约为 335 焦耳。鱼、肉摄入不足时，容易感到疲倦，头发也较干涩，甚至生理不顺。

　　1 个薯类，薯类是维生素 C 及膳食纤维的宝库，且易使人获得饱腹感，烹饪方法也多变，是瘦身者的良好选择。

豆类、豆制品和新鲜蔬菜不能少

如果完全依赖动物性蛋白质，则容易患"文明病"，因此豆类和豆制品必不可少。如果蔬菜摄取不足，皮肤会缺乏光泽，脸上还会起"小痘痘"。

适量吃主食

主食是一日三餐的必需品，也是保证您有充沛体力的必需品，适量的主食可以使您有饱腹感，不至于因为肚饿而吃其他零食，以至于肥胖。

每天喝点醋

醋的主要成分是醋酸，它有很强的杀菌作用，对皮肤、头发能起到很好的保护作用。所以，女人还是多"吃醋"为好。每日三餐中添加一点食用醋，可以延缓血管硬化，这是许多人都知道的保健常识。而如果您住地的水质较硬，在每天的洗脸水中放一点醋，就能起到养颜的作用。

早餐有营养

早餐是激活人们一天脑力的燃料，不能不吃。许多研究都指出，吃一顿优质的早餐可以让人思考敏锐、反应灵活，并能提高学习和工作效率。研究也发现，有吃早餐习惯的人比较不容易发胖，记忆力也比较好。

早晚一杯水

充足的水分是健康和美容的保障。特别是女性，缺水会使她们的身体过早衰老，皮肤也会因"缩水"而失去光泽。每天早上醒来的第一件事，就是赶紧喝上一杯白开水。这其中有什么奥妙呢？早晨一杯白开水，可以清洁肠道，补充夜间失去的水分。并且，这杯水能把胃唤醒，让它做好进食消化的准备，起到温胃养胃的作用。而肠胃通畅了，新陈代谢自然也就顺畅了，肌肤也会变得健康又红润。而晚上一杯水，则能补充夜间失去的水分，能保证一夜之间血液不至于因缺水而过于黏稠。血液黏稠会加快大脑的缺氧、色素的沉积，使衰老提前来临。科学研究表明，每天早晚各饮一杯白开水，能使猝死率降低70%。因此，每晚饮水的作用不能低估。但要注意的是，不可以在临睡前饮水，否则会造成眼部及面部的浮肿。也千万别以饮料之类的来代替白开水。您的身体需要的不是饮料，而是肠胃清道夫一般的白开水。

20 种食物帮您塑造完美体型

全麦面包

　　全麦面包是面包中热量最低的，如果您是无"包"不饱的话，就建议您早餐吃个全麦面包填填肚子。

燕麦片

　　国外好多减肥餐单都会用燕麦片做早餐主打菜式，热量低，营养丰富，含B族维生素、维生素E、铁等成分，对促进消化很有帮助。

玉米

　　玉米含有丰富的钙、磷、硒和卵磷脂、维生素E等，具有降低胆固醇的作用。

红豆

　　红豆所含的石酸成分可以增加大肠的蠕动，促进排尿及减少便秘，从而清除下身脂肪。

芝麻

　　它的"亚麻仁油酸"可以祛除附在血管内的胆固醇，增强新陈代谢，减肥瘦腿就轻松得多。脂肪是吃出来的，一般人认为节食能减肥，其实，合理地吃也会吃掉您的多余脂肪。我们不妨利用一些降脂、低热量的普通食物，帮助您吃掉体内脂肪。

海带

　　海带富含牛磺酸、膳食纤维藻酸，可降低血脂及胆汁中的胆固醇。

花生仁

　　花生仁含有极丰富的维生素 B_2 和烟酸，一方面带来优质蛋白，长肉不长脂，另一方面亦可以消解下身脂肪。

墨鱼

100 克墨鱼干只含有 1004 焦耳热量，并且含有较多的蛋白质和铁元素，口味也非常好。

鸡肉

鸡肉去皮食用，热量更低，比半份牛肉、猪肉的热量还要低。

虾

100 克虾含有 335 焦耳热量和不到 1 克的脂肪，饱和脂肪酸的含量低于贝类。

紫菜

紫菜除含有丰富的维生素 A、维生素 B_1 及维生素 B_2，最重要的就是它蕴含丰富的纤维素及矿物质，可以帮助排出身体内的废物及积聚的水分，从而有瘦腿之效。

金枪鱼

100 克金枪鱼只含 502 焦耳热量、2.5 克脂肪和 2.3 克蛋白质。

葡萄

葡萄汁与葡萄酒都含有白黎芦醇，是降低胆固醇的天然物质。动物实验也证明，它能使胆固醇降低，抑制血小板聚集，所以葡萄是高脂血症患者最好的食物之一。

菠萝

100 克菠萝只含 163 焦耳热量，且无脂肪。它既含纤维素，又能提供专家所推荐的每日维生素 C 的需要量。

苹果

苹果因富含果胶、纤维素和维生素 C，有非常好的降脂作用。苹果可以降低人血液中的低密度胆固醇，而使对心血管有益的高密度胆固醇水平升高。苹果含独有的苹果酸，可以加速代谢，减少脂肪，而且它含的钙量比其他水果丰富，可减少令人下身水肿的盐分。

香蕉

在所有的食品中，几乎没有一种只含 1051 焦耳热量的无脂快餐能像香蕉那样满足喜食甜食者的需要了。如果把一根处于冷藏状态下的香蕉和半杯苹果汁混合食用，仅含 502 焦耳热量。

木瓜

它有独特的蛋白分解酶，可以清除因吃肉类而积聚在下身的脂肪，而且木瓜肉所含的果胶更是优良的洗肠剂，可以减少废物在下身的积聚。

西瓜

它是瓜果中的利尿专家，多吃可减少留在身体中的多余水分，而且本身的糖分也会排出，多吃也不会致胖。

西柚

西柚热量极低，多吃也不会胖，它还含丰富的钾，有助于减少下半身的脂肪和水分积聚。

猕猴桃

猕猴桃除了维生素 C 含量丰富，其纤维素含量也十分丰富，可以增加分解脂肪的速度，避免腿部积聚过多的脂肪。

七大要点助您轻松排毒养颜

1. 饮食要科学

严格控制每天的食量，饮食清淡，少吃热量高的食物，如甜食、蜜饯、肉类、蛋类、油炸食物等，早上吃得营养些，中午吃饱，晚上少吃或只吃水果和蔬菜。

2. 多吃富含纤维素的食物

膳食纤维是减肥排毒的好帮手。纤维素不但热量非常低，而且能促进排便、增加饱腹感，这类食物有芹菜、白萝卜、丝瓜、玉米、荞麦、绿豆等。

3. 拒绝有毒食物

不吃含有农药的食品、有病的畜禽类、发霉食物、含化学添加剂的食品。同时补充含丰富维生素、矿物质等的天然蔬果，种类最好多样，如樱桃、葡萄、西红柿、草莓等。

4. 坚持合理运动

制订一个运动计划表，每周坚持运动 5~6 次，每次最少 45 分钟，可以选择跑步、快走、健身操、跳绳、爬楼梯、瑜伽等。

5. 防晒才能防黑

在每次出门前 30 分钟，涂抹防晒霜可有效起到防晒作用。有人觉得偶尔几次忘涂防晒霜也无妨，其实这种想法是不对的。日晒的影响是可以累积的，即使是间歇性的日晒，对皮肤的伤害也很大。即便短时间内无法看到后果，但时间一长肌肤必然就会变黑，脸上就会出现斑点，皮肤就会老化、失去弹性，变得松弛。所以，防晒的重中之重在于防微杜渐。

6. 保证睡眠时间

女性的睡眠时间不能过晚，特别是不能超过晚上 11 点，因为从晚上 10 点到第二天早上 5 点，是皮肤修复的最佳时间，而睡眠中的修复才有效。如果入睡时间超过了零点，即使是白天起得再晚，睡得再长，也已经错过了皮肤的最佳保养时间。睡眠充足还可以帮助人稳定新陈代谢功能和抑制食欲。熬夜、喜欢吃夜宵很容易增肥。所以，最好保证每天 7 小时的睡眠。

7. 不要让自己"冷"

冷是一切麻烦的根源。冷女人血行不畅、手脚冰凉而且痛经。血行不畅会导致面部长斑点，体内的能量不能润泽皮肤，皮肤就会没有生气。更需要注意的是，女人的生殖系统最怕冷，一旦体质过冷，就会选择长更多的脂肪来保温，因此肚脐下就会长出肥肉。而一旦气血充足温暖，这些肥肉自动就会消失。所以，温暖的身体环境才是"血气"的保障。女人养颜，要远离致冷因素。

PART 1

消脂蔬果汁

蔬菜和水果可提供人体需要的多种维生素和矿物质，饮用新鲜蔬果汁是一种很好的补充营养的方式。本章介绍的这些低热量、富含维生素及矿物质的蔬果汁，绝对是您瘦身美颜的好伙伴。

苹果汁

材料

苹果……………… 2个
水……………… 100毫升
西蓝花……………… 10克

做法

❶ 将苹果用清水洗干净，一半切成丁，一半切成片；西蓝花洗净，备用。

❷ 在果汁机内放入切好的苹果丁和水，搅拌打匀，然后把果汁倒入杯中，用苹果片和西蓝花摆杯装饰即可。

苹果蓝莓汁

材料

苹果……………… 半个
蓝莓……………… 70克
柠檬汁……………… 30毫升
水……………… 100毫升

做法

❶ 苹果用清水洗干净，带皮切成小块；蓝莓洗净。

❷ 把蓝莓、苹果、柠檬汁和水放入果汁机内，搅打均匀，再把果汁倒入杯中即可。

雪梨汁

材料

雪梨……………… 1个
水……………… 50毫升

做法

❶ 将雪梨用清水洗干净，切成小块。

❷ 在果汁机内放入切好的雪梨和水，搅打均匀，然后把果汁倒入杯中即可。

苹果香蕉柠檬汁

苹果中的营养成分可溶性大，易被人体吸收，故有"活水"之称，有利于溶解硫元素，使皮肤润滑柔嫩。

材料

香蕉……………………	1根
苹果……………………	1个
柠檬……………………	半个
优酪乳…………………	200毫升

做法

❶ 将香蕉去皮，切成小丁；将柠檬洗净，切碎；将苹果洗净，去核，切成小块。

❷ 将所有的材料倒入榨汁机内榨汁即可。

制作指导

苹果一定要多洗几遍，以洗去苹果皮上残留的农药。

木瓜莴笋汁

木瓜是大家熟悉的水果，不但味道又香又甜，而且还有保健、美容的功效。

材料

木瓜……………………	100克
苹果……………………	300克
莴笋……………………	50克
柠檬……………………	半个
蜂蜜……………………	30克
凉开水…………………	100毫升

做法

❶ 木瓜洗净，去皮、去子、切小块；苹果洗净，去皮、去子后切片。

❷ 莴笋洗净切片。

❸ 将材料放入榨汁机内，搅打2分钟即可。

制作指导

木瓜以表皮呈深黄色的味道最好。

苹果菠萝桃汁

　　苹果中含有铜、碘、锰、锌、钾等元素，人体如缺乏这些元素，皮肤就会干燥、易裂、奇痒。

材料
苹果…………………… 1个
菠萝………………… 300 克
桃子…………………… 1个
柠檬………………… 半个

做法
❶ 将桃子、苹果、菠萝去皮，洗净，均切小块，入盐水中浸泡；柠檬洗净，切片。
❷ 将所有的材料放入榨汁机内榨成汁即可。

制作指导
　　如果此果汁不甜，可加入一小勺蜂蜜。

西瓜芦荟汁

　　西瓜堪称"盛夏之王"，清爽解渴，味道甘味多汁，是盛夏佳果。

材料
西瓜………………… 400 克
芦荟肉………………50 克
盐、冰粒…………… 少许

做法
❶ 西瓜洗净，剖开，去掉外皮，取肉，再将西瓜肉放入榨汁机中榨汁。
❷ 将西瓜汁盛入杯中，加少许盐，加入芦荟肉、冰粒拌匀即可。

制作指导
　　芦荟削皮后，放进盐水中浸泡一下，口味更佳。

苹果菠萝柠檬汁

　　菠萝营养丰富，含有大量的果糖、葡萄糖、B族维生素和蛋白酶等物质。

材料
苹果…………………… 1个
菠萝…………………… 300克
桃子…………………… 1个
柠檬…………………… 1个
冰块…………………… 少许

做法
❶ 将桃子洗净，去核，切块；柠檬洗净，切片；苹果、菠萝均去皮，洗净，切成块。
❷ 将以上材料放入搅拌机内榨成汁，再加入冰块即可。

制作指导
　　最好先将制作此果汁的苹果和桃子放冰箱冷藏。

芦笋蜜柚汁

　　芦笋有鲜美芳香的风味，膳食纤维柔软可口，能增进食欲、帮助消化。

材料
芦笋…………………… 100克
芹菜…………………… 50克
苹果…………………… 50克
葡萄柚………………… 半个
蜂蜜…………………… 少许

做法
❶ 芦笋洗净，切段。
❷ 将芹菜洗净后切成段；苹果洗净后去皮去核，切丁；葡萄柚取果肉。
❸ 将芦笋、芹菜、苹果、葡萄柚榨汁，最后加入蜂蜜调味即可。

制作指导
　　要选择肉质洁白、质地细嫩的新鲜芦笋。

17

白梨无花果汁

白梨肉质细腻、酥脆多汁、甘甜爽口，含多种营养成分，具有生津、止渴、润肺、宽肠、强心、利尿等功效。

材料

白梨·····················　1个
无花果·················50 克
香蕉·····················　1根
豆浆·················　100 毫升

做法

❶ 将白梨去皮和核，切块；无花果一切为二；香蕉剥皮，切块。
❷ 将所有材料放入榨汁机内榨汁即可。

制作指导

无花果以呈红紫色、触感稍软且无损伤的为佳。

贡梨柠檬优酪乳

柠檬是高度碱性食品，具有很强的抗氧化作用，对促进肌肤的新陈代谢、延缓衰老及抑制色素沉着等十分有效。

材料

贡梨·····················　1个
柠檬·····················　1个
优酪乳·················　150 毫升

做法

❶ 将贡梨洗净，去皮去核，切成小块；将柠檬洗净、切片。
❷ 贡梨、柠檬先榨汁，最后再加入优酪乳即可。

制作指导

选择做果汁的贡梨以果实全熟、果肉柔软且散发香味的为佳。

贡梨双果汁

贡梨的水分非常多，营养价值很高，具有清心润肺之效。常吃贡梨对身体有益。

材料

火龙果·················50 克
青苹果·················· 1 个
贡梨·················· 1 个

做法

❶ 将火龙果、青苹果及贡梨洗净，去皮与核，切小块。
❷ 将火龙果、青苹果、贡梨放入榨汁机中榨汁即可。

制作指导

火龙果在选购时要注意果肉是否新鲜，果皮是否鲜亮。

梨香瓜柠檬汁

香瓜含大量碳水化合物及柠檬酸等，且水分充沛，可消暑清热、生津解渴、除烦；此外，香瓜其他营养素含量丰富，可补充人体所需的能量及营养素。

材料

梨·················· 1 个
香瓜·················· 200 克
柠檬·················· 1 个

做法

❶ 梨洗净，去皮及果核，切块；香瓜洗净，去皮，切块；柠檬洗净，切片。
❷ 将梨、香瓜、柠檬依次放入榨汁机内，搅打成汁即可。

制作指导

梨最好切成小块，这样放入榨汁机中能更快榨出汁。

白梨香蕉无花果汁

材料

白梨……………………… 1个
无花果………………………50 克
香蕉……………………… 1根
冰块……………………… 少许

做法

❶ 白梨去皮、核，切块；无花果去皮，对切；香蕉去皮，切块。

❷ 先将白梨、无花果榨汁，再加香蕉搅拌，加入冰块即可。

白梨苹果香蕉汁

材料

白梨……………………… 1个
苹果……………………… 1个
香蕉……………………… 1根

冰块、蜂蜜各适量

做法

❶ 白梨、苹果洗净，切块；香蕉去皮，切块备用。

❷ 将白梨和苹果块榨汁，加入香蕉及适量蜂蜜，一起搅拌，再加入适量冰块即可。

雪梨菠萝汁

材料

雪梨……………………… 半个
菠萝汁………………………30 毫升
白糖……………………… 少许

做法

❶ 雪梨洗净，去皮，切成小块。

❷ 将雪梨放入果汁机内榨汁，最后加入菠萝汁即可。

❸ 榨汁后，加入少许白糖摇匀即可。

青苹果白菜汁

　　青苹果含有大量的维生素、矿物质和膳食纤维，特别是果胶等成分，具有补心益气、益胃健脾、宁心安神的功效；大白菜含有丰富的维生素 C，可增加机体对感染的抵抗力，而且还可以起到很好的护肤养颜效果；柠檬具有防止和消除皮肤色素沉着的作用。三者一起榨汁饮用，美白护肤的效果更佳。

材料
青苹果……………… 1 个
大白菜……………… 100 克
柠檬………………… 1 个
冰块………………… 少许

做法
❶ 青苹果洗净，切块；大白菜取叶洗净卷成卷；柠檬连皮切成3块。
❷ 将柠檬、大白菜、青苹果陆续放入榨汁机内榨汁。
❸ 将果菜汁倒杯中，加冰块即可。

制作指导
　　加入牛奶，味道会更好。

包菜汁

包菜中含有丰富的 β – 胡萝卜素、维生素 C、维生素 E 等，总的维生素含量比西红柿多出 3 倍，因此，具有很强的抗氧化作用及抗衰老功效。

材料

包菜····················· 6 片

做法

❶ 将包菜洗净，切成4~6等份。

❷ 把包菜叶片卷起来放入榨汁机中，榨成汁即可。

制作指导

搅拌时加适量水，包菜更易出汁。

白梨西瓜苹果汁

白梨含有的木质素是一种不可溶纤维，但其能在肠道中溶解，形成像胶质的薄膜，与肠道中的胆固醇结合而排出，起到辅助治疗便秘的作用。

材料

白梨····················· 1 个

西瓜····················· 150 克

苹果····················· 1 个

柠檬····················· 1/3 个

做法

❶ 将白梨和苹果洗净，去果核，切块；西瓜洗净，切开去皮；柠檬洗净，切成块。

❷ 所有材料放入榨汁机内榨汁即可。

制作指导

西瓜去籽；苹果皮也有营养，不要削掉。

西红柿汁

西红柿中含有丰富的抗氧化剂，而抗氧化剂可以防止自由基对皮肤的破坏，具有明显的美容抗皱的效果。

材料

西红柿⋯⋯⋯⋯⋯⋯⋯ 2 个

水⋯⋯⋯⋯⋯⋯⋯⋯ 100 毫升

盐⋯⋯⋯⋯⋯⋯⋯⋯⋯ 5 克

做法

① 西红柿用水洗净，去蒂，切成四块。

② 在榨汁机内加入西红柿块、水和盐，搅打均匀。

③ 把西红柿汁倒入杯中即可。

制作指导

要选用大一点的西红柿，汁水会丰富一些。

香蕉燕麦牛奶

香蕉有促进肠胃蠕动、润肠通便、润肺止咳、清热解毒、助消化和滋补的作用；香蕉是低卡路里食品，即使是正在减肥的人，也能尽情地食用。

材料

香蕉⋯⋯⋯⋯⋯⋯⋯⋯ 1 根

燕麦⋯⋯⋯⋯⋯⋯⋯⋯80 克

牛奶⋯⋯⋯⋯⋯⋯⋯ 200 毫升

做法

① 将香蕉去皮，切成小段；燕麦洗净。

② 将所有材料放入榨汁机内，搅打成汁即可。

制作指导

香蕉和牛奶的比例要控制好，通常是 1 根香蕉配 200 毫升牛奶。

香蕉优酪乳

香蕉含有的维生素 A 能增强人体对疾病的抵抗力，使生殖力和视力保持正常；香蕉中含有的维生素 B_1 能抗脚气病、促进食欲、助消化、保护神经系统。

材料
香蕉…………………… 2 根
优酪乳…………… 200 毫升
柠檬…………………… 半个

做法
❶ 将香蕉去皮，切小段，放入榨汁机中搅碎，盛入杯中备用。
❷ 柠檬洗净，切块，榨成汁，加入优酪乳、香蕉汁，搅匀即可。

制作指导
制作此果汁时间要短。

香蕉茶汁

香蕉延年益寿、老少皆宜，是减肥者的首选，适宜高血压、冠心病、动脉硬化者食用；同时，对便秘、消化不良等症状，有良好效果。

材料
香蕉………………… 100 克
茶叶水………………… 少许
蜂蜜………………… 少许

做法
❶ 将香蕉去皮，放入茶杯中捣碎。
❷ 加入茶叶水、蜂蜜，调匀即成。

制作指导
可加少许凉开水稀释一下果汁的浓度。

西瓜汁

西瓜不含脂肪和胆固醇，含有大量葡萄糖、苹果酸、果糖、蛋白氨基酸、番茄红素及维生素 C 等物质，是一种营养丰富的安全食品。

材料
西瓜···················· 200 克
包菜···················· 20 克
柠檬···················· 1/4 个

做法
❶ 将西瓜去皮去子；包菜洗净，切大小适当的块；柠檬洗净，切片。
❷ 所有材料放入榨汁机内搅打成汁，滤出果肉即可。

制作指导
　包菜一定要洗干净，然后再切成小片。

西瓜汽水柠檬汁

西瓜清热解暑，对治疗肾炎及膀胱炎等疾病有辅助疗效，果皮可腌制、制蜜饯、果酱和饲料。

材料
西瓜···················· 100 克
料酒···················· 30 毫升
汽水···················· 15 毫升
柠檬汁·················· 15 毫升
糖水···················· 15 毫升

做法
❶ 西瓜洗净，去皮切块，用榨汁机榨成汁。
❷ 将西瓜汁、料酒、柠檬汁、糖水摇匀滤入杯中，再注入汽水即可。

制作指导
　西瓜切块后，一定要将西瓜子全部取出，否则影响口感。

黄瓜西瓜芹菜汁

黄瓜现在已经成为一种时尚健康食品；生吃黄瓜可以美容养颜，也可以将其用作减肥的食材。

材料

黄瓜⋯⋯⋯⋯⋯⋯ 半根
西瓜⋯⋯⋯⋯⋯⋯ 150 克
芹菜⋯⋯⋯⋯⋯⋯20 克

做法

❶ 将黄瓜洗净，去皮，切条；西瓜去皮和子，切成块。
❷ 将芹菜去叶，洗净，切成小段。
❸ 将所有材料放入榨汁机中，榨成汁即可。

制作指导

用冰冻过的西瓜榨出的汁更美味。

西瓜柠檬蜂蜜汁

蜂蜜可以医治中度的肌肤损伤，特别是烫伤，将蜂蜜作为肌肤创伤敷料，细菌就无法生长。

材料

西瓜⋯⋯⋯⋯⋯⋯ 200 克
柠檬⋯⋯⋯⋯⋯⋯ 1 个
蜂蜜⋯⋯⋯⋯⋯⋯ 10 克

做法

❶ 西瓜洗净，切成小块，用榨汁机榨出汁；柠檬也做同样的处理。
❷ 将西瓜汁与柠檬汁混合，加入蜂蜜，拌匀即可。

制作指导

柠檬的刺激性较强，因此此果汁不可过多饮用。

柑橘蜜

新鲜柑橘的果肉中富含维生素 C，维生素 C 能提高机体的免疫力，同时柑橘还能降低患心血管疾病、肥胖症和糖尿病的概率。

材料
柑橘·····················60 克
蜂蜜·····················少许
冷开水················120 毫升

做法
❶ 柑橘去皮、子，撕成瓣。
❷ 将柑橘瓣、冷开水、蜂蜜依次倒入杯中，搅打均匀。

制作指导
蜂蜜千万不要在水很热的时候放，否则会破坏它的营养成分。

橘柚汁

柚肉中含有丰富的维生素 C 以及类胰岛素等成分，故有降血糖、美肤功效。

材料
柚子························ 1 个
橘柚························ 1 个
橘子························ 1 个
柠檬汁····················· 少许
冰块、甘橙类水果切片各适量

做法
❶ 把这些水果洗净后切小块，挤出果汁，可加一点柠檬汁，以制作出较酸的风味。
❷ 把果汁倒玻璃杯内，加冰块与一些甘橙类水果切片作装饰即可。

制作指导
鲜榨果汁上的那层泡沫含有非常丰富的酶，千万不要撇掉。

葡萄汁

以葡萄子为材料的护肤品或食品，可以护肤美容、延缓衰老，使皮肤洁白细腻富有弹性。

材料
葡萄……………………… 1串
葡萄柚…………………… 半个

做法
① 将葡萄柚去皮；葡萄去子。
② 将材料切成适当大小的块，放入榨汁机内一起搅打成汁。
③ 用滤网把汁滤出来即可。

制作指导
榨果汁时加入少许碎冰可以减少泡沫的产生。

葡萄苹果汁

葡萄制成葡萄干后，糖和铁的含量会相对提高，是妇女、儿童和体弱贫血者的滋补佳品。

材料
红葡萄………………… 150 克
苹果…………………… 1个
碎冰…………………… 少许

做法
① 葡萄洗净，切片；苹果切几片装饰用，再把剩余苹果切块，与葡萄一起榨汁。
② 把碎冰倒在成品上，装饰苹果片即可。

制作指导
果汁最好不要加热，否则会使各类维生素遭到破坏。

桃汁

桃子素有"寿桃"和"仙桃"的美称，因其肉质鲜美，又被称为"天下第一果"。

材料

桃子···················· 1个
胡萝卜················30克
柠檬····················1/4个
牛奶···············100毫升

做法

❶ 胡萝卜洗净，去皮；桃子去皮、去核；柠檬洗净。
❷ 将以上材料切成适当大小的块，与牛奶一起放入榨汁机内搅打成汁，滤出果肉即可。

制作指导

榨汁前要将桃子表面的绒毛刷洗干净。

草莓优酪汁

草莓营养价值高，富含维生素C，有帮助消化的功效。同时，草莓还可以巩固齿龈、清新口气、润泽咽喉。

材料

草莓····················10颗
原味优酪乳········250毫升

做法

❶ 将草莓洗净，去蒂，切成小块。
❷ 将草莓和优酪乳一起放入榨汁机内，搅打2分钟即可。

制作指导

制作草莓优酪汁时，可根据个人口味多加入一些草莓。

桃子苹果汁

　　桃肉含蛋白质、脂肪、碳水化合物、粗纤维、钙、磷、铁、维生素 B_1、胡萝卜素以及有机酸、糖分和挥发油。

材料
桃子⋯⋯⋯⋯⋯⋯　1个
苹果⋯⋯⋯⋯⋯⋯　1个
柠檬⋯⋯⋯⋯⋯⋯　半个

做法
❶ 将桃子洗净，对切为二，去核；苹果去掉果核，切块；柠檬洗净，切片。
❷ 将苹果、桃子、柠檬放进榨汁机中，榨出汁即可。

制作指导
　　可加入适量盐进行调味。

草莓水蜜桃菠萝汁

　　菠萝营养丰富，含有大量的果糖、葡萄糖、B 族维生素、维生素 C、磷、柠檬酸和蛋白酶等物质。

材料
草莓⋯⋯⋯⋯⋯⋯　6颗
水蜜桃⋯⋯⋯⋯⋯50克
菠萝⋯⋯⋯⋯⋯⋯80克
冷开水⋯⋯⋯⋯⋯45毫升

做法
❶ 将草莓洗净；水蜜桃洗净，去皮去核后切成小块；菠萝去皮，洗净，切块。
❷ 将所有材料搅打均匀即可。

制作指导
　　菠萝皮较难削掉，最好先用水果刀将其划成三角形，然后一个一个挑去。

柳橙汁

　　柳橙含有丰富的膳食纤维、维生素A、B族维生素、维生素C、磷、苹果酸等，有利于防治便秘、帮助排便，女性多吃柳橙，不但可美白，还能够抗氧化。

材料
柳橙⋯⋯⋯⋯⋯⋯⋯⋯　2个

做法
❶ 柳橙用水洗净，切成两半。
❷ 用榨汁机挤压出柳橙汁。
❸ 把柳橙汁倒入杯中即可。

制作指导
　　要选用皮薄、呈红色或朱黄色，而且拿起来感觉重的柳橙。

柳橙苹果梨汁

　　苹果可促进皮肤的新陈代谢，增强肌肤对刺激及细菌的抵抗力，延缓皮肤老化。

材料
柳橙⋯⋯⋯⋯⋯⋯⋯⋯　2个
苹果⋯⋯⋯⋯⋯⋯⋯⋯　半个
雪梨⋯⋯⋯⋯⋯⋯⋯⋯　1/4个
水⋯⋯⋯⋯⋯⋯⋯⋯30毫升

做法
❶ 柳橙去皮，切成小块。
❷ 苹果洗净、去核，雪梨洗净，去皮，均切成小块。
❸ 把备好的柳橙、苹果、雪梨和水放入果汁机内，搅打均匀即可。

制作指导
　　橙肉上那层白色的纤维素营养成分较高，最好不要扔掉。

草莓蜜桃苹果汁

草莓最好在饭后吃，因为其含有大量果胶及纤维素，可促进胃肠蠕动、帮助消化、改善便秘，预防痔疮、肠癌。

材料

草莓······················· 3 颗
水蜜桃····················· 半个
苹果······················· 半个
汽水······················· 100 毫升

做法

❶ 草莓、苹果洗净，草莓去蒂，苹果切块。
❷ 把水蜜桃切半，去核，切成小块。
❸ 把草莓、水蜜桃、苹果和汽水放入果汁机内，搅打均匀即可。

制作指导

汽水可根据个人口味决定用量。

柳橙油桃饮

柑橘类水果含抗氧化成分，可以保护人体免疫系统，抑制癌细胞生长，而柳橙的抗氧化成分含量是所有水果中最高的。

材料

细黄砂糖····················· 10 克
磨碎的姜····················· 5 克
油桃························· 4 个
柳橙························· 1 个
冰块························· 少许

做法

❶ 把糖、磨碎的姜和水入锅加热至糖溶化；油桃去核，再加入处理好的柳橙搅打。
❷ 杯子中放入冰块，倒入果汁和糖浆即可。

制作指导

最好把材料中的水果分开榨汁。

梨柚汁

　　柚肉中含有非常丰富的维生素 C 以及类胰岛素等成分，故有降血糖、降血脂、减肥、美肤养容等功效。经常食用柚子，对糖尿病、血管硬化等疾病有辅助治疗作用，对肥胖者有健体养颜功能。

材料

梨……………………… 1 个

柠檬………………… 1 片

柚子……………………… 半个

蜂蜜………………… 10 克

做法

❶ 将梨洗净，去皮，切成小块；柚子去皮，切成块。

❷ 将梨和柚子放入榨汁机内，榨出汁液。

❸ 在果汁中加入蜂蜜，搅匀，放入柠檬片即可。

制作指导

　　柚子要选体形圆润、表皮光滑、质地有些软的。

哈密瓜柳橙汁

哈密瓜有"瓜中之王"的美称，风味独特。

材料
哈密瓜……………………40克
柳橙……………………… 1个
鲜奶………………………90毫升
蜂蜜、白汽水各适量

做法
❶ 将哈密瓜洗净，去皮、去子，切块；柳橙洗净，切开。
❷ 将哈密瓜、柳橙、鲜奶放入榨汁机内搅打3分钟，再倒入杯中，与白汽水、蜂蜜拌匀即可。

制作指导
选哈密瓜时，可用手轻轻按压瓜的表面，以不容易按下去的为佳。

猕猴桃薄荷汁

猕猴桃味甘酸、性寒，有生津解热、调中下气、止渴利尿、滋补强身之功效。

材料
猕猴桃……………………… 1个
苹果……………………… 半个
薄荷叶……………………… 2片

做法
❶ 猕猴桃洗净，削皮，切成4块；苹果削皮，去核，切块。
❷ 将薄荷叶洗净，放入榨汁机中搅碎，再加入猕猴桃、苹果块，搅打成汁即可。

制作指导
要选用接蒂处是嫩绿色的新鲜猕猴桃。

哈密瓜奶

哈密瓜含糖量在 15% 左右，形态各异、风味独特，有的带奶油味、有的含柠檬香，但都味甘如蜜，深受人们喜爱。

材料

哈密瓜………………	100 克
鲜奶………………	100 毫升
蜂蜜………………	5 克
水………………	少许

做法

❶ 将哈密瓜去皮、去子，洗净后放入榨汁机内榨汁。

❷ 将哈密瓜汁、鲜奶放入榨汁机中，加入饮用水、蜂蜜，搅打均匀。

制作指导

最好选择从外表上看有密密麻麻的网状纹路且皮厚的哈密瓜。

木瓜牛奶蛋汁

木瓜深受女孩的喜爱，对减肥很有帮助，营养丰富，其内含有木瓜酶，能促进乳腺激素分泌。

材料

木瓜………………	100 克
鲜奶………………	90 毫升
蛋黄………………	1 个
凉开水………………	60 毫升

做法

❶ 将木瓜洗净，去皮、去子，切成块备用。

❷ 将木瓜及其他材料放入榨汁机内，以高速搅打3分钟即可。

制作指导

木瓜的果皮一定要亮，橙色要均匀，不能带有色斑。

菠萝汁

菠萝性平，味甘、微酸、微涩，具有清暑解渴、消食止泻、补脾胃、固元气、益气血、祛湿、养颜瘦身等功效。

材料
菠萝……………………… 200 克
柠檬汁………………………50 毫升

做法
❶ 菠萝去皮，洗净，切成小块。
❷ 把菠萝和柠檬汁一起放入果汁机内，搅打均匀。
❸ 把菠萝汁倒入杯中即可。

制作指导
要选择饱满、着色均匀、闻起来有清香的果实。

沙田柚菠萝汁

沙田柚不但营养价值高，而且还具有健胃、润肺、补血、清肠、利便等功效，可促进伤口愈合，对败血病等有良好的辅助疗效。

材料
菠萝…………………………50 克
沙田柚……………… 100 克
蜂蜜………………… 少许

做法
❶ 将菠萝去皮，洗净，切块。
❷ 将沙田柚去皮，去子，切块。
❸ 将准备好的材料搅打成汁，加蜂蜜拌匀。

制作指导
如果喜欢菠萝味浓一点，榨汁时可以多加一些菠萝。

芒果蜂蜜酸奶

芒果为著名热带水果之一，因其果肉细腻、风味独特、营养丰富，深受人们喜爱，所以素有"热带果王"之誉称。

材料

芒果⋯⋯⋯⋯⋯⋯⋯⋯ 2 个
柠檬汁⋯⋯⋯⋯⋯⋯50 毫升
蜂蜜⋯⋯⋯⋯⋯⋯⋯⋯ 少许
碎冰⋯⋯⋯⋯⋯⋯⋯ 100 克
酸奶⋯⋯⋯⋯⋯⋯⋯50 毫升

做法

❶ 芒果洗净，去皮去核，切成块。
❷ 加碎冰、酸奶、蜂蜜以及柠檬汁一起搅拌均匀即可。

制作指导

芒果完全成熟便会软化，故选购八九分熟的芒果为宜。

纤体柠檬汁

柠檬能增强血管弹性和韧性，预防和辅助治疗高血压和心肌梗死。研究发现，青柠檬可以使异常的血糖值降低。

材料

柠檬⋯⋯⋯⋯⋯⋯⋯⋯ 1 个
菠萝⋯⋯⋯⋯⋯⋯⋯⋯ 1 个
蜂蜜⋯⋯⋯⋯⋯⋯⋯ 10 克

做法

❶ 柠檬洗净，去皮，切片；菠萝去皮，切块备用。
❷ 将柠檬、菠萝块放入榨汁机中榨成汁。
❸ 加入蜂蜜一起搅拌均匀。

制作指导

菠萝切块后最好用盐水浸泡，以去除涩味。

番石榴果汁

番石榴味道甘甜多汁、果肉柔滑、果心较少无籽，常吃可以补充人体所缺乏的营养成分、强身健体、提高身体素质。

材料
番石榴…………………… 2个
菠萝……………………30克
橙子…………………… 1个
柠檬…………………… 1个
冷开水、蓝莓汁各少许

做法
❶ 番石榴洗净，切开，去子；橙子、菠萝去皮，洗净后切块；柠檬洗净切片。
❷ 将切好的番石榴、菠萝、柠檬、橙子榨汁。
❸ 加入蓝莓汁、冷开水，搅匀。

制作指导
将果汁放入冰箱冷藏 30 分钟更好喝。

樱桃草莓汁

中医认为，草莓性味甘、凉，入脾、胃、肺经，有润肺生津、健脾和胃、利尿消肿、解热祛暑之功效，适用于肺热咳嗽、食欲不振、小便短少、暑热烦渴等症。

材料
草莓……………… 200 克
红葡萄…………… 250 克
红樱桃…………… 150 克

做法
❶ 将葡萄、樱桃、草莓洗净，葡萄切半，草莓切块，樱桃去核，一起放入榨汁机中榨汁。
❷ 将成品放入玻璃杯中，加樱桃装饰即可。

制作指导
要选择连有果蒂、光鲜饱满的樱桃。

樱桃优酪乳

　　樱桃全身皆可入药，鲜果具有发汗、益气、祛风、透疹的功效，适用于四肢麻木和风湿性腰腿病的食疗。

材料
红樱桃……………………… 15 颗
优酪乳……………………… 30 毫升
糖水……………………… 15 毫升
冰水……………………… 100 毫升
碎冰……………………… 120 克

做法
❶ 樱桃洗净，去核，切小块备用。
❷ 将所有材料放入榨汁机中搅打30秒即成。

制作指导
　　采用酸、甜樱桃组合榨汁，可榨出酸甜可口、风味优良的果汁。

李子牛奶饮

　　李子味酸，能促进胃酸和胃消化酶的分泌，并能促进胃肠蠕动，因而有改善食欲、促进消化的作用。

材料
李子………………………… 6 个
蜂蜜………………………… 10 克
牛奶……………………… 100 毫升

做法
❶ 将李子洗净，去核取肉。
❷ 将李子肉、牛奶放入榨汁机中。
❸ 加入蜂蜜，搅拌均匀即可。

制作指导
　　可加少量冰块，这样榨出来的果汁更美味爽口。

荔枝酸奶

荔枝味甘、酸，性温，入心、脾、肝经，可止呃逆、止腹泻，是顽固性呃逆及五更泻者的食疗佳品，同时有补脑健身、开胃益脾、促进食欲之功效。

材料
荔枝…………………… 8个
酸奶………………… 200毫升

做法
❶ 将荔枝去壳与核，放入榨汁机中。
❷ 倒入酸奶，搅匀即可。

制作指导
荔枝不能食用太多，否则会引发低血糖。

葡萄柚汁

葡萄柚的果肉含有丰富的维生素 C、维生素 E、维生素 P 及叶酸、水溶性纤维，对混合型、油性等容易长痘痘的肌肤有非常好的控油、收缩毛孔及清爽的效果。

材料
葡萄柚………………… 1个
菠萝………………… 100克

做法
❶ 将菠萝去皮、洗净，葡萄柚去皮，二者均切成适当大小的块。
❷ 将所有材料放入榨汁机内搅打成汁，滤出果肉即可。

制作指导
皮摸起来较柔软而富有弹性的葡萄柚肉多皮薄。

美白果汁

当出现消化不良时，吃点菠萝能开胃顺气，解油腻，有助消化的作用，还可以缓解便秘症状。

材料
菠萝………………………30 克
木瓜………………………30 克
苹果………………………30 克
柳橙汁……………………30 毫升
糖水、蜂蜜、碎冰各适量

做法
❶ 所有水果洗净，去皮，切小块备用。
❷ 所有材料放入榨汁机中，搅打均匀即成。

制作指导
各种水果营养不同，榨汁时搭配使用营养更丰富。

杨梅汁

夏季杨梅当令，是不少人喜欢的水果。杨梅吃起来酸甜可口，是不错的消食水果，而且杨梅中含有的多种营养元素还能起到消炎抑菌、防癌抗癌、美容减肥等功效。

材料
杨梅……………………… 160 克
盐………………………… 少许

做法
❶ 杨梅洗净，取其肉放入榨汁机中，搅匀。
❷ 将少许盐与杨梅汁拌匀即可。

制作指导
可加少量冰块，这样榨出来的果汁更美味爽口。

西红柿蜂蜜汁

西红柿营养丰富，风味独特，还具有减肥瘦身、消除疲劳、增进食欲、提高对蛋白质的消化、减少胃胀食积等功效。

材料
西红柿……………… 2 个
蜂蜜………………30 克
冷开水……………50 毫升

做法
① 将西红柿洗净，去蒂后切成小块。
② 将西红柿及其他材料放入榨汁机中，以高速搅打1分半钟即可。

制作指导
　选用颜色鲜红、果实饱满的西红柿榨汁，味道会更好。

西红柿芹菜优酪乳

芹菜具有降血压、降血脂、防治动脉粥样硬化的作用，对神经衰弱、月经不调、痛风、肌肉痉挛等症也有一定的辅助食疗作用。

材料
西红柿……………… 100 克
芹菜………………50 克
优酪乳…………… 300 毫升

做法
① 将西红柿洗净，去蒂，切小块。
② 将芹菜洗净，切碎。
③ 西红柿、芹菜、优酪乳一起放入榨汁机内榨汁，搅拌均匀即可。

制作指导
　搅拌时加少许饮用水，榨出来的果汁口感会更好。

西红柿柠檬汁

　　西红柿具有止血、降压、利尿、健胃消食、生津止渴、清热解毒、凉血平肝的功效，常吃可增强小血管功能、预防血管老化。

材料
西红柿……………… 300 克
芹菜……………… 100 克
柠檬……………… 半个
冷开水………… 250 毫升

做法
① 将西红柿洗净，去皮，切块；芹菜洗净，切段；柠檬洗净，切片。
② 将以上材料倒入榨汁机内，加冷开水，搅打2分钟即可。

制作指导
　　喝前可以在蔬果汁里面加点冰块，更爽口。

胡萝卜芹菜汁

　　胡萝卜含有植物纤维，吸水性强，可加强肠道蠕动，从而利膈宽肠、通便防癌。

材料
胡萝卜……………… 500 克
芹菜……………… 200 克
包菜……………… 100 克
冷开水…………… 30 毫升
柠檬汁……………… 少许

做法
① 将胡萝卜洗净，去皮，切块；芹菜连叶洗净；包菜洗净，切小片。
② 将除柠檬汁外的所有材料放入榨汁机中搅打成汁，倒入杯中。
③ 加入柠檬汁，调匀即可。

制作指导
　　喝前可在蔬果汁里面调点蜂蜜，味道更好。

西红柿豆腐汁

　　豆腐里的高氨基酸和蛋白质含量使之成为谷物很好的补充食品，素有"植物肉"之美称。

材料
西红柿……………………　1 个
嫩豆腐……………………　100 克
蜂蜜………………………　15 克
柠檬………………………　半个
凉开水……………………　250 毫升

做法
❶ 将西红柿洗净，切成大小适当的块；豆腐洗净，切块；柠檬洗净，切片。
❷ 将所有材料放入榨汁机中榨汁即可。

制作指导
　　豆腐要用清水清洗一遍再切块。

西红柿洋葱汁

　　洋葱含有前列腺素 A，能降低外周血管阻力，降低血黏度，可用于降低血压、提神醒脑、缓解压力、预防感冒。

材料
西红柿……………………　1 个
洋葱………………………　100 克
冷开水……………………　300 毫升
黑糖………………………　少许

做法
❶ 将西红柿底部以刀轻割十字，入沸水氽烫后去皮。
❷ 将洋葱洗净切片，泡冰水中，沥干水分。
❸ 将西红柿、洋葱及冷开水、黑糖放入榨汁机内榨汁即可。

制作指导
　　若没有黑糖，可以用白糖代替。

胡萝卜西蓝花汁

西蓝花营养丰富，含蛋白质、糖、脂肪、维生素和胡萝卜素，营养成分位居同类蔬菜之首，被誉为"蔬菜皇冠"。

材料
西蓝花……………… 100 克
胡萝卜……………… 80 克
柠檬汁…………… 100 毫升
蜂蜜……………… 少许

做法
① 将西蓝花、胡萝卜洗净，切块，放入榨汁机中，榨出汁液。
② 加柠檬汁、蜂蜜，拌匀即可。

制作指导
柠檬汁可以最后加入。

包菜莴笋汁

包菜能提高人体免疫力、预防感冒、保障癌症患者的生活质量。在抗癌蔬菜中，包菜排在第五位。

材料
莴笋……………… 100 克
包菜……………… 100 克
苹果……………… 50 克
蜂蜜……………… 少许
冷开水…………… 300 毫升

做法
① 将莴笋、包菜洗净，切块；苹果洗净，去皮、核，切块。
② 将以上材料放入榨汁机中，加入冷开水和蜂蜜，搅匀即可。

制作指导
莴笋要先去皮，再洗净。

包菜白萝卜汁

白萝卜中含有丰富的维生素 A、维生素 C 等各种维生素，能防止皮肤老化，阻止黑色色斑的形成，保持皮肤白嫩。

材料
包菜……………………50 克
白萝卜…………………50 克
无花果………………… 2 个
冰水………………… 300 毫升
酸奶………………… 100 毫升

做法
❶ 将白萝卜和无花果洗净，去皮切块；包菜洗净切块。
❷ 将所有材料放入榨汁机内一起搅打成汁，滤出果肉即可。

制作指导
选用大一点的白萝卜榨汁，味道更佳。

菠萝西红柿汁

西红柿中的类黄酮，有降低毛细血管的通透性和防止其破裂的作用，可以预防宫颈癌、膀胱癌和胰腺癌等疾病。

材料
菠萝……………………50 克
西红柿………………… 1 个
柠檬………………… 半个
蜂蜜………………… 少许

做法
❶ 将菠萝洗净，去皮，切成小块。
❷ 将西红柿洗净，去皮，切小块；柠檬洗净，切片。
❸ 将以上材料倒入榨汁机内，搅打成汁，加入蜂蜜拌匀即可。

制作指导
青色的西红柿不宜用来榨汁。

芹菜芦笋汁

芦笋中的天冬酰胺和微量元素硒、钼、铬、锰等，具有提高身体免疫力的功效。

材料

芹菜·····················70 克
芦笋·····················　2 根
苹果·····················　半个
蜂蜜·····················　1 小勺
核桃·····················20 克
牛奶·····················300 毫升

做法

❶ 将芦笋去根，苹果去核，芹菜去叶，洗净后均切成适当大小的块。

❷ 将所有材料放入榨汁机内一起搅打成汁，滤出果肉即可。

制作指导

果汁里滤出的果肉也可以一同食用。

苦瓜汁

苦瓜所含的蛋白质成分及大量的维生素 C 能提高机体的免疫功能，使免疫细胞能杀灭癌细胞。

材料

苦瓜·····················50 克
柠檬·····················　半个
姜·····················　7 克
蜂蜜·····················10 克

做法

❶ 苦瓜洗净，去子，切小块备用；柠檬洗净，切小块；姜洗净，切片。

❷ 将苦瓜、柠檬和姜倒入榨汁机中，加水搅打成汁，加蜂蜜调匀，倒入杯中。

制作指导

柠檬皮含有丰富的维生素，榨汁时可以不用去皮。

西蓝花菠菜汁

菠菜含有丰富的维生素 A、维生素 C 及矿物质，尤其是维生素 A、维生素 C 的含量是所有蔬菜之冠。

材料
西蓝花······················60 克
菠菜·························60 克
葱白·························60 克
蜂蜜·························30 克
冷开水·····················80 毫升

做法
❶ 将西蓝花洗净，切块；葱白、菠菜洗净，切段。
❷ 将所有材料放入榨汁机中，以高速搅打40秒即可。

制作指导
西蓝花用水焯一下再榨汁口感会更好。

甜椒芹菜汁

春季气候干燥，人们往往感到口干舌燥、气喘心烦、身体不适，常吃些芹菜有助于清热解毒、祛病强身。肝火过旺、皮肤粗糙及经常失眠、头疼的人可适当多吃。

材料
甜椒························ 1 个
芹菜························30 克
油菜························ 1 棵
柠檬汁······················ 少许

做法
❶ 甜椒洗净，去蒂和子；油菜洗净。
❷ 芹菜洗净，切段，与油菜、甜椒一起放入榨汁机内搅拌，再加柠檬汁拌匀即可。

制作指导
辣椒不要选用太辣的，以免影响口感。

苦瓜芦笋汁

苦瓜的新鲜汁液，含有苦瓜苷和类似胰岛素的物质，具有良好的降血糖作用，是糖尿病患者的理想食品。

材料
苦瓜……………………60 克
芦笋……………………80 克
蜂蜜…………………… 少许
冷开水………… 200 毫升

做法
❶苦瓜与芦笋洗净，切块，放入榨汁机中。
❷倒入冷开水与蜂蜜，搅匀饮用。

制作指导
苦瓜切开后要先去子再榨汁。

芦笋西红柿汁

芦笋的蛋白质组成具有人体所必需的各种氨基酸，含量比例符合人体需要，无机盐元素中有较多的硒、钼、镁、锰等微量元素。

材料
芦笋………………… 300 克
西红柿………………… 半个
鲜奶…………… 200 毫升
冷开水………… 100 毫升

做法
❶将芦笋洗净，切块，放入榨汁机中榨汁；西红柿洗净，去皮，切小块备用。
❷将西红柿和冷开水放入榨汁机中，搅匀，加入芦笋汁、鲜奶，调匀即可。

制作指导
芦笋要焯熟后再榨汁。

包菜橘子汁

橘子具有润肺止咳、化痰健脾、顺气止渴的功效，肉、皮、络、核、叶皆可入药，在日常生活中发挥着重要的作用。

材料
包菜……………………… 300 克

橘子……………………… 1 个

柠檬……………………… 半个

白糖、冰块各适量

做法
① 将包菜洗干净，撕成小块；将橘子剥皮，去掉内膜和子；柠檬洗净，切片备用。

② 把准备好的材料倒入榨汁机内榨成汁，再加入白糖、冰块即可。

制作指导
胃肠溃疡患者及出血特别严重时，不宜喝包菜橘子汁。

包菜桃子汁

中医认为桃性温，有益颜色、解劳热的功效，能生津、润肠、活血。桃仁入心、肝、肺、大肠经，有破血去淤、润燥滑肠的功效。

材料
包菜……………………… 100 克

水蜜桃…………………… 1 个

柠檬……………………… 1 个

做法
① 将包菜叶洗净，卷成卷；水蜜桃洗净，对切后去掉核；柠檬洗净，切片。

② 将包菜、水蜜桃、柠檬放进榨汁机内，压榨出汁即可。

制作指导
将桃子放入水中浸泡后，可用纱布将桃上的绒毛擦干净。

包菜西红柿苹果汁

西红柿可以美容和治愈口疮。生口疮时可含些西红柿汁，使其接触疮面，每次数分钟，每日数次，效果显著。

材料

包菜······················ 300 克
西红柿················· 100 克
苹果····················· 150 克
凉开水··············· 240 毫升

做法

❶ 将苹果洗净，去皮去核，切块。
❷ 将包菜洗净，撕片；西红柿洗净，切片。
❸ 将所有材料放入榨汁机内，搅打即可。

制作指导

西红柿可以把皮去掉后再榨汁。

菠菜胡萝卜汁

菠菜中人体造血物质铁的含量比其他蔬菜多，对于胃肠障碍、便秘、痛风、皮肤病、各种神经疾病、贫血确有特殊食疗效果。

材料

菠菜···················· 100 克
胡萝卜················· 50 克
包菜····················· 2 片
西芹····················· 60 克

做法

❶ 菠菜洗净，去根，切成段；胡萝卜洗净，去皮，切块；包菜洗净，撕成块；西芹洗净，切成段。
❷ 将准备好的材料一起榨汁即可。

制作指导

选择嫩一点的菠菜榨汁较好。

胡萝卜草莓汁

　　胡萝卜中的胡萝卜素可以转变成维生素A，有助于增强机体的免疫功能，在预防上皮细胞癌变的过程中具有重要作用。

材料
胡萝卜⋯⋯⋯⋯⋯⋯　100 克
草莓⋯⋯⋯⋯⋯⋯⋯⋯80 克
柠檬⋯⋯⋯⋯⋯⋯⋯　1 个
冰块、冰糖各少许

做法
❶ 将胡萝卜洗净，切成可放入榨汁机的块；草莓洗净，去蒂。
❷ 将草莓放入榨汁机内榨汁，胡萝卜、柠檬也一样压榨成汁，加入冰糖、冰块即可。

制作指导
　　将草莓洗净，然后摘除蒂，榨出的汁味道较好。

胡萝卜猕猴桃汁

　　猕猴桃含有硫醇蛋白酶的水解酶和超氧化物歧化酶，具有养颜、提高免疫力、抗癌、抗衰老、软化血管、抗肿消炎的功效。

材料
胡萝卜⋯⋯⋯⋯⋯⋯80 克
猕猴桃⋯⋯⋯⋯⋯⋯　1 个
柠檬、优酪乳各适量

做法
❶ 将胡萝卜洗净，切块；猕猴桃去皮后对切；将柠檬洗净后连皮切成三块。
❷ 将柠檬、胡萝卜、猕猴桃放入榨汁机中榨汁，加入优酪乳即可。

制作指导
　　柠檬榨汁前要先放入清水中浸泡，榨汁时最好连皮一起榨。

胡萝卜桃子汁

　　胡萝卜又叫黄萝卜、红萝卜，颜色亮丽、脆嫩多汁、芳香甘甜，对人体有多方面的保健功能，被誉为"小人参"。

材料

桃子……………………… 半个
胡萝卜…………………… 50 克
红薯……………………… 50 克
牛奶……………………… 200 毫升

做法

❶ 胡萝卜洗净，去皮；桃子洗净，去皮去核；红薯洗净，切块，焯一下水。

❷ 将胡萝卜、桃子切成适当大小的块，再与其他材料一起榨汁即可。

制作指导

　　桃子先用盐水浸泡片刻，更容易去掉表面的绒毛。

西红柿胡萝卜汁

　　西红柿中含有丰富的抗氧化剂，而抗氧化剂可以防止自由基对皮肤的破坏，具有明显的美容抗皱的效果。

材料

西红柿…………………… 半个
胡萝卜…………………… 80 克
橙子……………………… 1 个

做法

❶ 将西红柿洗净，切成块；胡萝卜洗净，切成片；橙子剥皮备用。

❷ 将西红柿、胡萝卜、橙子放入榨汁机内，榨出汁即可。

制作指导

　　选购质地细腻、脆嫩多汁、表皮光滑的胡萝卜为佳。

西红柿西瓜西芹汁

此果汁有较好的祛斑作用，因为西红柿中含有丰富的谷胱甘肽，可抑制黑色素。

材料

西红柿……………………… 1 个
西芹……………………………50 克
西瓜……………………………50 克
苹果醋…………………… 1 大勺
冰水…………………… 100 毫升

做法

① 将西红柿洗净，去皮并切块；西瓜洗净，去皮，切成薄片；西芹撕去老皮，洗净并切成小块。

② 将所有材料放入榨汁机内一起搅打成汁，滤出果肉即可。

制作指导

西红柿不宜和海鲜同吃，量过多易中毒。

西红柿沙田柚汁

吃西红柿可以美容。西红柿含有胡萝卜素和番茄红素，有助于展平皱纹，使皮肤细嫩光滑。

材料

沙田柚……………………… 半个
西红柿……………………… 1 个
凉开水…………………… 200 毫升
蜂蜜…………………… 10 克

做法

① 沙田柚洗净，切开，放入榨汁机中榨汁。

② 将西红柿洗净，切块，与沙田柚汁、凉开水一起放入榨汁机内榨汁。

③ 饮前在汁中加适量蜂蜜即可。

制作指导

成熟的沙田柚果面应该呈略深的橙黄色，选购时要注意鉴别。

西红柿甘蔗包菜汁

将鲜熟西红柿捣烂取汁，加少许白糖，每天用其涂面，能使皮肤细腻光滑，美容防衰老效果极佳。

材料

西红柿……………… 100 克
包菜………………… 100 克
甘蔗汁…………… 100 毫升
冰块………………… 少许

做法

❶ 西红柿洗净，切块；包菜洗净，撕成片。
❷ 将准备好的材料倒入榨汁机内，搅打2分钟即可。

制作指导

选购时以球体完整，没有裂开或损伤的包菜为佳。

黄瓜苹果菠萝汁

黄瓜中含有丰富的维生素 E，可起到延年益寿、抗衰老的作用。

材料

黄瓜………………… 半根
菠萝………………… 1/4 个
苹果………………… 半个
老姜………………… 1 小块
柠檬………………… 1/4 个

做法

❶ 将苹果洗净，去皮、去核、切块；黄瓜、菠萝洗净，去皮后切块备用。
❷ 柠檬洗净榨汁，并将洗净的老姜切片。
❸ 将柠檬汁以外的材料放进榨汁机中榨汁，再加柠檬汁即可。

制作指导

为避免营养流失，黄瓜浸泡时间不可过长。

芦荟柠檬汁

芦荟可以洁净皮肤、抗皮脂溢、预防化脓性皮肤病，还可以快速消除皮肤上蚊虫叮咬的红肿。

材料
芦荟····················30 克
苹果···················· 1 个
包菜···················· 3 片
柠檬汁··············· 100 毫升

做法
1 将芦荟、包菜洗净，切适当大小的块；苹果洗净，去皮、去核，切成小块。
2 将上述材料放入榨汁机中榨汁，再加入柠檬汁，拌匀即可。

制作指导
食用过多柠檬会对牙齿和肠胃造成损伤。

芦笋苹果汁

芦笋味道鲜美、清爽可口，能增进食欲、帮助消化，是一种高档的绿色食品。

材料
芦笋···················· 100 克
苹果···················· 1 个
生菜···················· 50 克
柠檬···················· 1/3 个
蜂蜜适量

做法
1 芦笋洗净，切成小块；生菜洗净，撕碎。
2 将苹果洗净，去皮去核，切成小块。
3 将上述材料及切好的柠檬倒入榨汁机中榨汁，加蜂蜜拌匀即可。

制作指导
芦笋不宜存放太久，而且应低温避光保存，建议现买现食。

芝麻菜桃子汁

芝麻菜的种子油有缓和、利尿等功用，可降肺气，治久咳、尿频等症。其嫩茎叶含有多种维生素、矿物质等营养成分。

材料

桃子···················· 1 个
芝麻菜··················· 20 克
苹果···················· 1/4 个
冰水···················· 200 毫升

做法

❶ 将桃子与苹果去皮、去核，切小块；芝麻菜洗净，切小段。

❷ 将所有材料放入榨汁机内一起搅打成汁，滤出果肉留汁即可。

制作指导

脾胃虚寒者可将冰水换成凉开水。

红薯苹果葡萄汁

红薯含有独特的生物类黄酮成分，能促使排便通畅，可有效抑制乳腺癌和结肠癌的发生。

材料

红薯···················· 140 克
苹果···················· 1/4 个
葡萄···················· 60 克
蜂蜜···················· 1 勺

做法

❶ 将苹果去皮、去核，切块；红薯去皮，洗净，切块，入沸水中焯一下；葡萄去子。

❷ 将以上材料与蜂蜜放入榨汁机内一起搅打成汁，滤出果肉留汁即可。

制作指导

表皮呈褐色或有黑色斑点的红薯不能吃。

南瓜百合梨汁

南瓜含有丰富的维生素 C 和胡萝卜素，可以健脾、预防胃炎、防治夜盲症、护肝、使皮肤变得细嫩。

材料

南瓜……………………… 100 克

干百合…………………20 克

梨…………………… 半个

牛奶…………………… 200 毫升

冰水、蜂蜜各适量

做法

❶ 干百合泡发洗净，与去子的南瓜块煮熟；梨洗净后去皮去核，以适当大小切块，再与其他材料一起放入榨汁机内搅打成汁。

❷ 滤出果肉即可。

制作指导

选择老一点的南瓜口感会更好。

白菜柠檬汁

一杯熟的大白菜汁能提供几乎与一杯牛奶一样多的钙，很少食用乳制品的人可通过食用足量的大白菜来获得更多的钙。

材料

白菜………………………50 克

柠檬汁………………30 毫升

柠檬皮………………… 少许

冷开水…………… 300 毫升

冰块………………… 10 克

做法

❶ 将白菜叶洗净，与柠檬汁、柠檬皮以及冷开水一起放入榨汁机内，搅打成汁。

❷ 加入冰块拌匀即可。

制作指导

要挑选包得紧实、新鲜、无虫害的大白菜。

香菇葡萄汁

香菇菌盖部分含有双链结构的核糖核酸，进入人体以后，会产生具有抗癌作用的干扰素。

材料

干香菇……………………… 10 克
葡萄………………………… 120 克
蜂蜜………………………… 10 克

做法

❶ 香菇洗净，用温水泡发好，煮熟备用。
❷ 葡萄洗净，与香菇混合，放入搅拌机中搅打成汁。
❸ 加入蜂蜜拌匀即可。

制作指导

特别大的香菇多数是用激素催肥的，建议不要购买。

猕猴桃汁

猕猴桃含有的血清促进素具有稳定情绪、镇静心情的作用。

材料

猕猴桃……………………… 1 个
梨…………………………… 1 个
柠檬汁……………………… 少许
果糖………………………… 8 克
冷开水……………… 200 毫升

做法

❶ 将猕猴桃、梨去皮，梨另去核，均切成小块。
❷ 将上述材料与冷开水一起放入榨汁机中榨成汁。
❸ 在果汁中加入柠檬汁和果糖，拌匀即可。

制作指导

可加入少许蜂蜜，口感更好。

木瓜红薯汁

红薯蛋白质质量高，可弥补大米、白面中的营养缺失，经常食用可提高人体对主食中营养的利用率，有延年益寿之效。

材料
木瓜⋯⋯⋯⋯⋯⋯⋯⋯ 半个
红薯⋯⋯⋯⋯⋯⋯⋯⋯ 1个
柠檬（取汁）⋯⋯⋯⋯ 半个
牛奶⋯⋯⋯⋯⋯⋯ 200毫升
蜂蜜⋯⋯⋯⋯⋯⋯⋯ 1小勺

做法
❶ 将木瓜去皮，切适当大小的块；红薯煮熟，压成泥。
❷ 将所有材料放入榨汁机内一起搅打成汁，滤出果肉即可。

制作指导
买回的木瓜要先放一两天，味道更佳。

木瓜鲜姜汁

木瓜色香味俱佳，有"岭南果王"之称，无论作水果食用还是煲汤，都是清心润肺的佳品。

材料
木瓜⋯⋯⋯⋯⋯⋯ 250克
鲜姜⋯⋯⋯⋯⋯⋯⋯50克
蜂蜜⋯⋯⋯⋯⋯⋯⋯ 10克
冷开水⋯⋯⋯⋯⋯ 200毫升

做法
❶ 将鲜姜刮去外皮，放入榨汁机中榨成汁。
❷ 将木瓜去皮、去子，与姜汁、冷开水一起放入榨汁机中，搅打成汁。
❸ 在果汁中加入蜂蜜，拌匀即可。

制作指导
选用嫩姜，味道更佳。

木瓜紫甘蓝汁

木瓜性平味甘，清心润肺，用作妇女催乳的汤品时宜采用未成熟的木瓜，用作润肺健胃的汤品则宜采用成熟的木瓜。

材料
木瓜······················ 1个
紫甘蓝·····················80 克
鲜奶······················ 150 毫升
果糖······················ 5 克

做法
❶ 紫甘蓝洗净，切片；木瓜洗净去皮，对半切开，去子，切块放入榨汁机中。
❷ 加紫甘蓝、鲜奶打匀成汁，再滤除果菜渣，倒入杯中，加入果糖即可。

制作指导
木瓜中的番木瓜碱对人体有微毒，故不宜过量饮用。

西瓜西红柿汁

西瓜汁含瓜氨酸、丙氨酸、谷氨酸、精氨酸、苹果酸、磷酸等多种具有皮肤生理活性的氨基酸，最容易被皮肤吸收，能滋润面部皮肤，防晒、增白。

材料
西瓜······················ 150 克
西红柿····················· 1 个
柠檬······················ 半个
冰块······················ 少许

做法
❶ 西瓜洗净，切开，去子；柠檬去皮，去子，连同西红柿切成块。
❷ 将上述材料全部放入搅拌机中，高速搅打60秒，加入冰块即可。

制作指导
成熟度越高的西瓜，其分量就越轻。

哈密瓜苦瓜汁

哈密瓜对人体造血功能有显著的改进作用，可以用来作为贫血的食疗之品。如果常感到身心疲倦、心神焦躁不安或是口臭，食用哈密瓜都能有所改善。

材料
哈密瓜…………… 100 克
苦瓜……………… 50 克
优酪乳…………… 200 毫升

做法
① 将哈密瓜去皮，切块。
② 将苦瓜洗净，去子，切成块。
③ 将以上材料放入榨汁机内，搅打成汁，加入优酪乳即可。

制作指导
哈密瓜可用瓜刨刨皮，去皮后效果更佳。

哈密瓜毛豆汁

哈密瓜香甜可口、果肉细腻，而且果肉愈靠近种子处，甜度越高，愈靠近果皮越硬，因此皮最好削厚一点，这样吃起来更美味。

材料
哈密瓜…………… 半个
毛豆……………… 100 克
酸奶……………… 200 毫升
柠檬汁…………… 20 毫升

做法
① 将哈密瓜去皮、切小块；毛豆去皮，洗净；将毛豆仁、哈密瓜一起放入榨汁机中。
② 倒入酸奶与柠檬汁，打匀即可。

制作指导
毛豆汁要榨成翠绿色，可加少许盐。

番石榴西芹汁

番石榴含有丰富的维生素 C，对治疗糖尿病有很好的效果，与琼珍灵芝搭配泡水喝可以降低血糖，治疗糖尿病。

材料
番石榴⋯⋯⋯⋯⋯⋯⋯ 1 个
西芹⋯⋯⋯⋯⋯⋯⋯⋯ 1 根
冷开水⋯⋯⋯⋯⋯ 100 毫升
蜂蜜⋯⋯⋯⋯⋯⋯⋯⋯ 少许

做法
❶ 将番石榴洗净，切成小块；西芹洗净，去老筋，切成小块。
❷ 将以上材料放入榨汁机中，加入冷开水搅打成汁，最后加入蜂蜜，调匀即可。

制作指导
低血压者，不宜多饮。

蜂蜜苋菜果汁

蜂蜜有灭菌的效果，常常食用蜂蜜，不仅对牙齿无影响，还能在口腔内起到灭菌消毒的效果。

材料
苋菜⋯⋯⋯⋯⋯⋯⋯⋯50 克
苹果⋯⋯⋯⋯⋯⋯⋯ 1/4 个
冷开水⋯⋯⋯⋯⋯ 300 毫升
蜂蜜⋯⋯⋯⋯⋯⋯⋯⋯ 10 克

做法
❶ 将苋菜叶洗净；苹果去皮去核，切块。
❷ 用苋菜叶包裹苹果，放入榨汁机内。
❸ 加冷开水打成汁，再加蜂蜜调味即可。

制作指导
要选择叶无萎蔫的新鲜苋菜。

香蕉蜜柑汁

香蕉果肉香甜软滑，是人们喜爱的水果之一。因为它能解除忧郁，欧洲人称它为"快乐水果"，而且香蕉还是女士们钟爱的减肥佳果。

材料

香蕉······················ 1 根

蜜柑·····················60 克

冷开水············· 100 毫升

做法

① 蜜柑、香蕉去皮，切块。

② 将以上材料放入榨汁机内，加适量冷开水，搅打成汁即可。

制作指导

可加入适量碎冰，味道更清爽可口。

PART 2

美容养颜羹

除了菜肴、汤水外，羹也是能让我们越吃越美的佳品。羹不仅鲜香美味，而且其养生和食疗作用更是有目共睹。本章特意精选大量具有美肤养颜功效的羹，配以详细的制作方法，教您熬出美味羹，吃出好肤色。

淡菜三蔬羹

淡菜能补肝肾之阴以制阳，芹菜能平肝而降压。此羹用于肝肾阴虚，肝阳上亢而见血压偏高、眩晕头痛者。

材料
大米……………………80 克
淡菜…………………… 10 克
西芹、胡萝卜、红辣椒、盐、
味精、胡椒粉各适量

做法
❶ 大米淘洗干净，浸泡；淡菜用温水泡发；西芹、胡萝卜、红辣椒洗净后均切丁。
❷ 锅置火上，加入水，放入大米煮至五成熟，放入淡菜、西芹、胡萝卜、红辣椒煮至浓稠，加盐、味精、胡椒粉调匀即可。

制作指导
也可撒点葱花调味。

青菜牛奶羹

青菜中含多种营养素，富含维生素C。其菜籽油含有丰富的脂肪酸和多种维生素，营养价值高。

材料
大米……………………80 克
白糖…………………… 3 克
青菜、枸杞子、鲜牛奶各适量

做法
❶ 大米泡发洗净；青菜洗净，切丝；枸杞子洗净。
❷ 锅置火上，倒入鲜牛奶，放入大米煮至米粒开花。
❸ 加入青菜、枸杞子同煮至浓稠状，调入白糖拌匀即可。

制作指导
不喜太甜者可以用蜂蜜代替白糖。

胡萝卜芹菜羹

胡萝卜富含维生素 A，可保持视力正常，治疗夜盲症和干眼症。

材料
胡萝卜······················ 10 克
芹菜························· 10 克
鸡蛋·························· 1 个
大米························· 100 克
盐、香油、葱花各适量

做法
❶ 大米淘洗干净，用清水浸泡；胡萝卜、芹菜均洗净，切丁；鸡蛋煮熟切碎。

❷ 锅置火上，加入适量水，放入大米煮至八成熟，加入胡萝卜丁、芹菜丁、鸡蛋煮至粥成，加盐、香油调匀，撒上葱花即可。

制作指导
也可把葱花换成香菜。

豆腐芹菜羹

豆腐的消化吸收率达 95% 以上，两小块豆腐即可满足人体一天钙的需要量。

材料
豆腐······················ 20 克
芹菜······················ 20 克
大米······················ 100 克
盐、味精、香油各适量

做法
❶ 芹菜洗净，切丝；豆腐洗净，切块；大米洗净，浸泡30分钟。

❷ 锅置火上，注水后，放入大米，用大火煮至米粒开花。

❸ 加入芹菜、豆腐，用小火煮至粥成，加入盐、味精，滴入香油即可。

制作指导
豆腐切碎点更好。

荠菜豆腐羹

材料

内酯豆腐…………………… 1 盒

猪肉…………………………50 克

荠菜…………………… 150 克

鸡汤、盐、香油、淀粉各适量

做法

❶ 豆腐洗净，切小粒；猪肉洗净，切丝；荠菜洗净，切碎。

❷ 将以上材料过沸水后捞出备用。

❸ 锅内加水煮开，再把除淀粉外的材料放入锅内煮10分钟后勾芡即可。

西湖牛肉羹

材料

牛里脊肉………………50 克

河蟹…………………… 1 只

香菇、香菜、水淀粉、香油、盐各适量

做法

❶ 牛里脊肉、香菜、香菇均洗净，切末。

❷ 河蟹去内脏，洗净切块煮熟，挖出蟹肉。

❸ 锅入水烧沸，加入所有材料和盐，煮熟，用水淀粉勾芡，淋香油、撒香菜即可。

南瓜鱼松羹

材料

南瓜…………………… 200 克

鲩鱼…………………… 100 克

盐、糖、淀粉、葱、姜各适量

做法

❶ 南瓜去皮，蒸熟剁成蓉；鲩鱼洗净切粒，调入盐、糖、淀粉，拌匀过油；姜洗净切粒；葱洗净切花。

❷ 锅上火，下入姜粒爆香，加水煮开，再加入南瓜蓉、鲩鱼料、盐、糖煮1分钟转小火，加淀粉勾芡，撒上葱花即可。

鸡蛋小米羹

小米中含有类雌激素物质，有保护皮肤、延缓衰老的作用。

材料

牛奶……………………50 毫升

鸡蛋……………………… 1 个

小米……………………… 100 克

白糖……………………… 5 克

葱花……………………… 少许

做法

❶ 小米洗净，浸泡片刻；鸡蛋煮熟后切碎。

❷ 锅置火上，注入清水，放入小米，煮至八成熟。

❸ 倒入牛奶，煮至米烂，再放入鸡蛋，加白糖调匀，撒上葱花即可。

制作指导

　　优质小米尝起来味佳、微甜，无任何异味；劣质小米尝起来无味，微有苦味、涩味及其他不良滋味。

菠菜山楂羹

菠菜烹熟后软滑易消化,特别适合老、幼、病、弱者食用。电脑工作者、爱美的人应常食菠菜。

材料
菠菜····················20 克
山楂····················20 克
大米···················· 100 克
冰糖···················· 5 克

做法
❶ 大米淘洗干净,用清水浸泡;菠菜洗净;山楂洗净。
❷ 锅置火上,放入大米,加水煮至七成熟。
❸ 加入山楂煮至米粒开花,再加入冰糖、菠菜,稍煮后调匀即可。

制作指导
也可用蜂蜜代替冰糖。

苦瓜胡萝卜羹

苦瓜中的苦瓜苷和苦味素能增进食欲、健脾开胃,所含的生物碱类物质奎宁,有利尿活血、消炎退热、清心明目的功效。

材料
苦瓜·····················20 克
大米···················· 100 克
胡萝卜、冰糖、盐、香油各适量

做法
❶ 苦瓜洗净,切条;胡萝卜洗净,切丁;大米泡发,洗净。
❷ 锅置火上,注入清水,放入大米用大火煮至米粒开花,加入苦瓜、胡萝卜丁,煮至粥成,放入冰糖煮至溶化后,调入盐、香油煮至入味即可。

制作指导
可把冰糖换成少许白糖。

黄瓜胡萝卜羹

　　黄瓜中所含的葡萄糖苷、果糖等不参与通常的糖代谢，故糖尿病患者以黄瓜代替淀粉类食物充饥，可降血糖。

材料
黄瓜⋯⋯⋯⋯⋯⋯⋯⋯ 15 克
胡萝卜⋯⋯⋯⋯⋯⋯⋯ 15 克
大米⋯⋯⋯⋯⋯⋯⋯⋯⋯90 克
青豆、盐、味精各适量

做法
❶ 大米泡发，洗净；黄瓜、胡萝卜洗净，切成小块；青豆洗净。
❷ 锅置火上，加入水、大米、青豆，煮至米粒开花，加入黄瓜、胡萝卜，改用小火煮至粥成，再调入盐、味精煮至入味即可。

制作指导
　　喜欢甜食者可用白糖代替盐、味精。

黄豆芽青菜羹

　　疲劳是容颜的大敌，大豆发芽后，有一种叫天门冬氨酸的物质急剧增加，所以人吃豆芽能减少体内乳酸堆积、消除疲劳。

材料
大米⋯⋯⋯⋯⋯⋯⋯⋯ 100 克
盐⋯⋯⋯⋯⋯⋯⋯⋯⋯ 3 克
香油、生姜、黄豆芽、青菜各适量

做法
❶ 生姜去皮洗净，切丝；黄豆芽洗净，择去根部；大米洗净泡发；青菜洗净，切丝。
❷ 锅置火上，注水后，加入大米用大火煮至快熟时，加入姜丝、黄豆芽。
❸ 改用小火煮至粥成，加入青菜稍煮后，调入盐，滴入香油即可。

制作指导
　　也可加少许鸡精调味。

西蓝花香菇羹

西蓝花最显著的功效就是防癌抗癌，尤其是可防治胃癌、乳腺癌。

材料
西蓝花……………………35克
胡萝卜……………………20克
大米…………………… 100克
鲜香菇、盐、味精各适量

做法
❶ 大米洗净；西蓝花洗净，撕成小朵；胡萝卜洗净，切成小块；香菇洗净，切条。
❷ 锅置火上，注入水，放入大米煮至米粒绽开后，加入西蓝花、胡萝卜、香菇。
❸ 改用小火煮至粥成后，加入盐、味精调味即可。

制作指导
可把味精换成鸡精，更加美味。

南瓜西蓝花羹

南瓜性温，味甘无毒，入脾、胃二经，能润肺益气、化痰排脓、驱虫解毒、治咳止喘，并有利尿、美容等作用。

材料
大米…………………………90克
盐………………………… 2克
南瓜、西蓝花各适量

做法
❶ 大米泡发洗干净；南瓜去皮，洗净，切块；西蓝花洗干净，掰成小朵。
❷ 锅置火上，注入适量清水，放入大米、南瓜，用大火煮至米粒绽开。
❸ 再放入西蓝花，改用小火煮至粥成，调入盐煮至入味即可。

制作指导
喜欢甜食者可把盐换成白糖。

胡萝卜蛋羹

胡萝卜营养丰富，适量食用可使人的皮肤光亮润泽。

材料

胡萝卜·················· 200 克

鸡蛋····················· 3 个

盐······················· 3 克

鸡汤·················· 500 毫升

淀粉、味精各适量

做法

❶ 胡萝卜去皮，洗净，用搅拌机搅拌成泥状；鸡蛋取蛋清。

❷ 将胡萝卜泥放入锅中，再加鸡汤，调入盐、味精，煮开用淀粉勾芡，盛出。

❸ 将蛋白倒入锅中，用小火打芡呈浆状，再取出在萝卜羹上打成太极形状即可。

制作指导

　　挑选胡萝卜时，以质细味甜、脆嫩多汁、表皮光滑、形状整齐、心柱小、肉厚、无裂口和病虫伤害的为佳。

牛肉菠菜羹

牛肉蛋白质含量高，而脂肪含量低，味道鲜美，享有"肉中骄子"的美称。

材料
牛肉……………………80 克
菠菜……………………30 克
大米…………………… 120 克
红枣、姜丝、盐、鸡精各适量

做法
❶ 菠菜洗净，切碎；红枣洗净，去核后，切成小粒；大米淘净，浸泡30分钟；牛肉洗净，切片。
❷ 锅中加适量清水，下入大米、红枣，大火烧开，再加入牛肉、姜丝，转中火熬煮。
❸ 下入菠菜熬成粥，加盐、鸡精调味即可。

制作指导
还可以加入枸杞子，滋补功效更好。

羊肉豌豆羹

羊肉最适宜于冬季食用，故被称为冬令补品，深受人们欢迎。

材料
南瓜……………………80 克
草果……………………30 克
羊肉……………………55 克
豌豆、大米、盐各适量

做法
❶ 南瓜洗净，去皮，切小块；草果、豌豆洗净；羊肉洗净，切片，放入开水中汆烫，捞出；大米淘净，泡好。
❷ 大米入锅，加适量清水，以大火煮开，再下入羊肉、南瓜、豌豆、草果，转中小火熬煮成粥，再加盐调味即可。

制作指导
可加少许胡椒粉以去腥提鲜。

鸡腿瘦肉羹

鸡肉肉质细嫩、滋味鲜美，其蛋白质含量颇多，属于高蛋白、低脂肪食品。

材料
鸡腿肉……………… 100 克
猪瘦肉……………… 100 克
大米……………………80 克
姜丝、盐、香油、葱花各适量

做法
❶ 猪瘦肉洗净，切片；大米淘净，泡好；鸡腿肉洗净，切小块。
❷ 锅中加水，下入大米煮沸，放入鸡腿肉、猪瘦肉、姜丝，中火熬煮至米粒软散。
❸ 用小火将粥熬煮至浓稠，调入盐，淋香油，撒入葱花即可。

制作指导
也可以加点青菜末，营养更高。

干贝鸭羹

干贝具有滋阴补肾、和胃调中的功效，可治疗头晕目眩、咽干口渴等症。

材料
大米……………………120 克
鸭肉……………………80 克
干贝…………………… 10 克
枸杞子、盐、味精、香菜各适量

做法
❶ 大米淘净，浸泡后捞出沥干；干贝泡发，撕成丝；枸杞子洗净；鸭肉洗净切块。
❷ 油锅烧热，放入鸭肉过油后盛出；锅中加水，放入大米和干贝、枸杞子熬煮至米粒开花，下入鸭肉，将粥熬熬好，再调入盐、味精，撒入香菜即可。

制作指导
干贝选购时要挑颜色鲜黄的，不能选转黑或转白的。

豌豆鲤鱼羹

鲤鱼的脂肪多为不饱和脂肪酸，能很好地降低胆固醇，防治动脉硬化、冠心病。

材料

豌豆……………………20 克
鲤鱼肉…………………50 克
大米……………………80 克
盐、姜丝、枸杞子、料酒各适量

做法

❶ 大米、豌豆均洗净，浸泡；鲤鱼肉收拾干净切小块，用料酒去腥。

❷ 锅中放入大米，加适量清水煮至五成熟。

❸ 加入鱼肉、豌豆、姜丝、枸杞子煮至浓稠，再加盐调味即可。

制作指导

鲤鱼两侧各有一条如同细线的筋，剖洗时应抽出去掉。

鲮鱼白菜羹

鲮鱼富含蛋白质、维生素 A、钙、镁、硒等营养元素，肉质细嫩、味道鲜美。

材料

鲮鱼肉…………………50 克
白菜……………………20 克
大米……………………80 克
盐、料酒、葱花、枸杞子各适量

做法

❶ 大米洗净后放入水中浸泡；鲮鱼肉收拾干净，切块，用料酒腌制；白菜洗净撕块。

❷ 锅置火上，放入大米，加水煮至五成熟。

❸ 放入鱼肉、枸杞子煮至粥将成，放入白菜稍煮，最后加盐调味，撒葱花即可。

制作指导

腌制时也可以加点胡椒粉提鲜、去腥。

蟹粉豆腐羹

蟹黄中含有丰富的蛋白质、磷脂和其他营养物质，营养丰富，但是同时含有较多的油脂和胆固醇，冠心病、高血压、动脉硬化、高脂血症患者应少吃或不吃蟹黄。

材料
蟹肉⋯⋯⋯⋯⋯⋯⋯⋯80克
蟹黄⋯⋯⋯⋯⋯⋯⋯⋯80克
豆腐丁⋯⋯⋯⋯⋯⋯⋯80克
姜片⋯⋯⋯⋯⋯⋯⋯⋯ 3克
盐⋯⋯⋯⋯⋯⋯⋯⋯⋯ 3克
鸡汤、青豆、枸杞子、胡椒粉、
淀粉、葱段各适量

做法
❶ 豆腐切丁，焯水后漂净，沥水备用。
❷ 炒锅上火，放油，投入姜、葱煸香，放入蟹肉、蟹黄煸炒，再捡去姜、葱，放入鸡汤、豆腐丁、青豆、枸杞子烧沸，最后加入盐，用淀粉勾芡，装入汤碗，撒上胡椒粉即可。

制作指导
豆腐切得碎一些，熬煮的羹味道更香浓。

胡椒海参羹

材料
水发海参⋯⋯⋯⋯⋯⋯20 克
大米⋯⋯⋯⋯⋯⋯⋯ 100 克
盐、葱花、胡椒粉各适量

做法
❶ 大米淘洗干净，用清水浸泡；海参洗净后，切成小块。
❷ 锅置火上，加水，加入大米煮至五成熟。
❸ 加入海参煮至粥将成，加盐、胡椒粉调味，再撒上葱花即可。

银鱼羹

材料
银鱼⋯⋯⋯⋯⋯⋯⋯ 200 克
芹菜⋯⋯⋯⋯⋯⋯⋯30 克
香菇、鸡蛋清、红椒、胡椒粉、
淀粉、盐各适量

做法
❶ 银鱼洗净；芹菜、香菇、红椒洗净，剁碎，与银鱼一起下入沸水锅中煮熟。
❷ 加盐、胡椒粉入味，用淀粉勾芡成羹状，再把鸡蛋清打散倒入锅中搅成花状即可。

鳕鱼猪骨羹

材料
鳕鱼肉⋯⋯⋯⋯⋯⋯30 克
猪骨⋯⋯⋯⋯⋯⋯⋯30 克
大米、花生仁、枸杞子、葱花、
料酒、盐、姜丝各适量

做法
❶ 大米浸泡；鳕鱼肉洗净切片，用料酒腌制；猪骨洗净剁块，入沸水焯烫；花生仁洗净。
❷ 锅中注入清水，放入大米煮至五成熟。
❸ 放入鳕鱼、猪骨、姜丝、枸杞子、花生仁煮至粥将成，再加盐调味、撒葱花即可。

宋嫂鱼羹

　　鳜鱼肉的热量不高，而且富含抗氧化成分，对于贪恋美味、想美容又怕肥胖的女士是极佳的选择。

材料

鳜鱼肉……………………80 克

熟火腿……………………30 克

竹笋………………………30 克

香菇………………………30 克

鸡蛋黄…………………… 2 个

姜末、盐、水淀粉各适量

做法

❶ 鳜鱼肉上笼蒸5分钟，取出鱼肉；火腿、竹笋和香菇均洗净，切丝；蛋黄打散。

❷ 油烧热，加水、竹笋和香菇煮沸，加入鱼肉、盐、姜末煮沸，以水淀粉勾芡，再将蛋黄液倒入锅内搅匀，待再沸时，撒上火腿丝即可。

制作指导

　　鲜鱼剖开洗净，在牛奶中泡一会儿既可除腥，又能增加鲜味。

乌鱼蛋羹

材料

乌鱼蛋·················· 200 克
葱·················· 5 克
盐·················· 3 克
鸡精·················· 2 克
水淀粉·················· 10 毫升

做法

❶ 乌鱼蛋洗净，放入凉水锅中，以大火煮沸，煮透捞出，撕成末；葱洗净切末。

❷ 锅入水，放入乌鱼蛋丝、鸡精、盐调味。

❸ 起锅前以水淀粉勾芡，撒入葱花即可。

莲子菠萝羹

材料

菠萝·················· 1 个
莲子·················· 100 克
糖水、白糖各适量

做法

❶ 锅置火上，加水150毫升，放入白糖烧开。

❷ 莲子泡发，洗净，在糖水锅内煮5分钟，晾凉后捞出莲子，再将糖水放入冰箱冰镇。

❸ 菠萝去皮，切成小丁，与糖水及莲子一同装入小碗内，浇上冰镇糖水即可。

鸡蛋玉米羹

材料

玉米浆·················· 300 毫升
鸡蛋·················· 2 个
黄酒、白糖、鸡油、菱粉、
葱、盐各适量

做法

❶ 鸡蛋打散；葱择洗干净，切成葱花。

❷ 锅置火上，倒入玉米浆、黄酒、盐烧开后，用菱粉勾薄芡，淋入蛋液。

❸ 调入白糖，淋入鸡油，撒入葱花即可。

鱼肚菇丝羹

　　鱼肚食疗功效高，含有丰富的蛋白质、胶质、磷质及钙质，是女士的养颜珍品，对身体各部分均有补益作用，是补而不燥之珍贵佳品。

材料
鱼肚……………………50克
香菇……………………20克
鸡蛋……………………　1个
木耳……………………20克
韭黄、盐、姜末、淀粉各适量

做法
❶ 鱼肚、香菇泡发，洗净，切丝；木耳泡发，洗净，撕碎；韭黄洗净，切粒；鸡蛋留蛋清搅匀。

❷ 锅内加清水，加盐、姜末烧沸，加入鱼肚、香菇、木耳炖熟，再放入韭黄，用淀粉勾芡，最后淋入蛋清，搅匀即可。

制作指导
　　鱼肚以色泽透明、无黑色血印的为好，涨发性强。一般常用的是黄色鱼肚，体厚片大、色泽淡黄明亮、涨性极好。

韭黄蚌仔羹

　　韭黄含有挥发性精油及硫化物等特殊成分，散发出一种独特的辛香气味，有助于疏调肝气、增进食欲、增强消化功能。

材料
蚌仔……………………90克
韭黄……………………50克
鸡蛋……………………　1个
木耳、盐、水淀粉、姜末各适量

做法
❶ 蚌仔洗净，去壳，取肉，切丝；韭黄洗净切段；木耳泡发，洗净，切丝。
❷ 锅内加水煮沸，加入蚌仔、木耳、韭黄、姜末，调入鸡精、水淀粉勾芡后，调入鸡蛋液，待呈现蛋花状时，加盐调味即可。

制作指导
　　此羹不宜多食，否则会上火且不易消化。

橙香羹

　　橙子切开后敷在脸上可以祛除面部色素，对消除黄褐斑有一定的效果。

材料
橙子……………………20克
大米……………………90克
白糖……………………12克
葱………………………　少许

做法
❶ 大米泡发，洗净；橙子去皮，洗净，切小块；葱洗净，切成葱花。
❷ 锅置火上，注入清水，放入大米，煮至米粒绽开后，放入橙子同煮。
❸ 煮至浓稠状后，撒上白糖、葱花即可。

制作指导
　　饭前或空腹时不宜食用此羹，否则橙子所含的有机酸会刺激胃黏膜，对胃不利。

鸡蛋米羹

鸡蛋是人类最好的营养来源之一，鸡蛋中含有大量的维生素和矿物质及有高生物价值的蛋白质。

材料
鸡蛋······················ 1个
大米······················ 100克
盐、葱花、香油各适量

做法
❶ 大米淘洗干净，用清水浸泡；鸡蛋洗净，煮熟切碎。

❷ 锅置火上，注入清水，放入大米煮成粥。

❸ 放入鸡蛋，加盐、香油调味，撒上葱花即可。

制作指导
煮鸡蛋时经常会出现蛋壳破裂的现象，避免破壳的基本要领是"开水煮冷蛋"。

土豆蛋黄奶羹

土豆是非常好的高钾低钠食品，很适合水肿型肥胖者食用，其钾含量丰富，具有瘦腿的功效。

材料
土豆······················30克
熟鸡蛋黄················· 1个
牛奶······················ 100毫升
大米、白糖、葱花各适量

做法
❶ 大米洗净，放入清水中浸泡；土豆去皮，洗净，切成小块放入清水中稍泡。

❷ 锅置火上，注入清水、大米煮至五成熟。

❸ 下入牛奶、土豆拌匀，煮至米粒开花，再放入鸡蛋黄，调入白糖，撒上葱花即可。

制作指导
长期贮存、发芽的土豆不宜食用。

鸡蛋醪糟羹

鸡蛋可补肺养血、滋阴润燥，用于气血不足、热病烦渴、胎动不安等，是扶助正气的常用食品。

材料
醪糟⋯⋯⋯⋯⋯⋯⋯⋯20 克
大米⋯⋯⋯⋯⋯⋯⋯⋯20 克
鸡蛋⋯⋯⋯⋯⋯⋯⋯⋯ 1 个
红枣、白糖各适量

做法
❶ 大米淘洗干净，浸泡片刻；鸡蛋煮熟切碎；红枣洗净。
❷ 锅置火上，注入清水，放入大米、醪糟煮至七成熟，放入红枣，煮至米粒开花，再放入鸡蛋，加白糖调匀即可。

制作指导
白糖也可用红糖来代替。

蛋黄酸奶羹

酸奶中的乳酸不但能使肠道里的弱酸性物质转变成弱碱性，而且还能产生抗菌物质，对人体具有保健作用。

材料
鸡蛋⋯⋯⋯⋯⋯⋯⋯⋯ 1 个
酸奶⋯⋯⋯⋯⋯⋯⋯ 200 毫升
大米⋯⋯⋯⋯⋯⋯⋯ 100 克
肉汤、葱花各适量

做法
❶ 大米淘洗干净，放入清水浸泡；鸡蛋煮熟，取蛋黄切碎。
❷ 锅置火上，加水，下大米煮至七成熟。
❸ 倒入肉汤煮至米粒开花后放入鸡蛋，再倒入酸奶调匀，撒葱花即可。

制作指导
如嫌肉汤太腻，可以直接用清水煮粥。

玉米党参羹

玉米中含天然维生素 E，有延缓衰老、防止皮肤病变的功能。

材料

玉米糁……………… 120 克
党参………………… 15 克
红枣…………………20 克
冰糖………………… 8 克做法

❶ 红枣去核洗净；党参洗净，润透，切段。

❷ 锅置火上，注入清水，放入玉米糁煮沸后，再下入红枣和党参。

❸ 煮至浓稠闻见香味时，放入冰糖调味即可。

制作指导

　　常吃玉米会导致营养不良，不利健康；若把它当点心食用，则有助于肠胃蠕动，有益健康。

蛋黄糯米羹

鸡蛋黄中的卵磷脂、甘油三酯、胆固醇和卵黄素，对神经系统和身体发育有很大的作用。

材料
糯米·····················50 克
薏米·····················50 克
熟鸡蛋黄················· 1 个
芡实、盐、香油、葱花各适量

做法
❶ 糯米、薏米、芡实洗净，用清水浸泡。
❷ 锅置火上，注入清水，放入糯米、薏米、芡实煮至八成熟，再倒入切碎的鸡蛋黄，加盐、香油调匀，撒上葱花煮熟即可。

制作指导
糯米、薏米、芡实提前用水浸泡会比较容易熟。

蛋黄山药羹

山药有滋养强壮、助消化、敛虚汗、止泻之功效，可辅助治疗小便短频、遗精、妇女带下及消化不良所导致的慢性肠炎。

材料
大米·····················80 克
干山药···················20 克
熟鸡蛋黄················· 2 个
盐、香油、葱花各适量

做法
❶ 大米淘洗干净，放入清水中浸泡；干山药洗净，碾成粉末；鸡蛋黄研碎。
❷ 锅中注入清水，放入大米煮至八成熟。
❸ 放入山药粉煮至粥成，下入鸡蛋黄碎，最后加盐、香油调匀，撒上葱花即可。

制作指导
干山药也可以用鲜山药代替。

贡梨枸杞羹

枸杞子含有丰富的胡萝卜素、维生素和钙、铁等健康眼睛的必需营养物质。

材料

贡梨……………………… 1个
枸杞子………………… 10克
大米…………………… 90克
白糖、葱花各适量

做法

❶ 大米泡发，洗净；贡梨去皮，洗净，切块；枸杞子洗净。

❷ 锅置火上，注入水，放入大米、枸杞子，煮至米粒开花后，加入贡梨熬煮。

❸ 改用小火煮至粥浓稠时，加入白糖调味，撒上葱花即可。

制作指导

优质枸杞子颜色柔和、有光泽、肉质饱满。

葡萄糯米羹

葡萄性平味甘，能滋肝肾、生津液、强筋骨，有补益气血、通利小便的作用，可用于脾虚气弱、气短乏力、水肿、小便不利等病症的辅助治疗。

材料

葡萄…………………… 30克
糯米…………………… 100克
胡萝卜丁、冰糖、葱花各适量

做法

❶ 糯米洗净，用清水浸泡；葡萄洗净备用。

❷ 锅置火上，注入适量清水，放入糯米煮至粥将成。

❸ 放入葡萄、胡萝卜丁煮至米烂，放入冰糖稍煮后调匀，撒葱花即可。

制作指导

也可加入蜂蜜来调味。

荔枝糯米羹

荔枝味甘、酸，性温，入心、脾、肝经，有补脑健身、开胃益脾、促进食欲之功效。

材料
荔枝⋯⋯⋯⋯⋯⋯20 克
山药⋯⋯⋯⋯⋯⋯20 克
莲子⋯⋯⋯⋯⋯⋯20 克
糯米⋯⋯⋯⋯⋯ 100 克
冰糖、葱花各适量

做法
❶ 糯米、莲子洗净浸泡；荔枝去壳，洗净；山药去皮，洗净，切块后焯水捞出。
❷ 锅置火上，加入水、糯米、莲子煮至八成熟，加入荔枝、山药煮至粥将成，放入冰糖调匀，撒上葱花即可。

制作指导
成年人每天食用荔枝最好不超过300克。

芦荟红枣羹

红枣最突出的特点是维生素含量非常高，有"天然维生素丸"的美誉。

材料
芦荟⋯⋯⋯⋯⋯⋯20 克
红枣⋯⋯⋯⋯⋯⋯20 克
大米⋯⋯⋯⋯⋯ 100 克
白糖⋯⋯⋯⋯⋯ 6 克

做法
❶ 大米泡发，洗净；芦荟去皮，洗净，切成小片；红枣去核，洗净，切成小块。
❷ 锅置火上，注入清水，放入大米，用大火煮至米粒绽开。
❸ 放入芦荟、红枣，改用小火煮至粥成，调入白糖至入味即可。

制作指导
可把白糖换成冰糖，滋补效果更佳。

菜脯鱿鱼羹

菜脯以色泽鲜艳、味道香甜、肉厚酥脆等特点而著称，深受人们喜爱。

材料

菜脯·····················20克
鱿鱼·····················50克
菜心····················· 10克
红枣····················· 3颗
大米、盐、姜、葱各适量

做法

❶ 菜脯洗净，切粒；鱿鱼泡发，切丝；菜心切粒；姜洗净，切丝；葱洗净，切成葱花；红枣去核，洗净，切丝。

❷ 锅上火，加水，放入姜丝、枣丝，水沸后下大米、菜脯，以大火煮沸后转小火慢煲。

❸ 煲至米粒软烂，放入鱿鱼，煲至糊状，调入盐，撒入菜心、葱花拌匀即可。

制作指导

加少许胡椒粉，味道更佳。

南瓜薏米羹

南瓜分泌的胆汁可以促进肠胃蠕动，帮助食物消化，同时其中的果胶可以让人免受粗糙食品的刺激，保护胃肠道黏膜。

材料
南瓜……………………40克
薏米……………………20克
大米、盐、葱花各适量

做法
❶ 大米、薏米均泡发，洗净；南瓜去皮，洗净，切丁。
❷ 锅置火上，倒入清水，放入大米、薏米，以大火煮开。
❸ 加入南瓜煮至浓稠状，调入盐拌匀，撒上葱花即可。

制作指导
喜食甜味者可将盐换成白糖，不要葱花。

豌豆大米羹

豌豆含有丰富的维生素 A 原，维生素 A 原可在体内转化为维生素 A，具有润泽皮肤的作用。

材料
豌豆…………………… 15克
大米………………… 110克
盐、味精、香油各适量

做法
❶ 豌豆洗净；大米泡发，洗净。
❷ 锅置火上，倒入清水，放入大米用大火煮至米粒绽开。
❸ 放入豌豆，改用小火煮至粥浓稠时，调入盐、味精、香油至入味即可。

制作指导
豌豆不可过量食用，否则不易消化。

莲藕糯米羹

中医认为藕性寒、味甘。生用具有凉血、散淤之功，治热病烦渴、吐血、热淋等；熟用能益血、止泻，还能健脾、开胃。

材料
莲藕··················30克
糯米··················100克
白糖、葱各适量

做法
❶ 莲藕洗净，切片；糯米泡发，洗净；葱洗净，切成葱花。
❷ 锅置火上，注入清水，放入糯米用大火煮至米粒绽开。
❸ 加入莲藕，用小火煮至粥浓稠时，加白糖调味，再撒上葱花即可。

制作指导
莲藕忌用铁锅煮。

山药枸杞甜羹

山药具有健脾、补肺、固肾、益精等多种功效，并可辅助治疗肺虚咳嗽、脾虚泄泻、肾虚遗精、带下及小便频繁等症。

材料
山药··················30克
枸杞子··················15克
大米、白糖各适量

做法
❶ 大米泡发，洗净；山药去皮，洗净，切块；枸杞子泡发，洗净。
❷ 锅内注水，放入大米，用大火煮至米粒绽开后，放入山药、枸杞子。
❸ 改用小火煮至粥成闻见香味时，放入白糖调味即可。

制作指导
山药洗净后削去外皮的时候建议带手套。

山药莲子羹

　　山药是一种天然的纤体美食。它含有足够的纤维，食用后易产生饱胀感。

材料
山药······················30 克
胡萝卜·····················15 克
莲子······················15 克
大米、盐、味精、葱花各适量

做法
❶ 山药去皮，洗净切块；莲子泡发，去莲心；胡萝卜洗净切丁；大米泡发。
❷ 锅内注水，放入大米，用大火煮至米粒绽开，再放入莲子、胡萝卜、山药。
❸ 改用小火煮至浓稠时，放入盐、味精调味，撒上葱花即可。

制作指导
　　山药容易氧化，忌与铁或金属接触。

萝卜百合羹

　　鲜百合具有养心安神、润肺止咳的功效，对病后虚弱的人非常有益。

材料
白萝卜·····················30 克
百合······················15 克
大米······················ 100 克
盐、味精、葱各适量

做法
❶ 百合洗净；白萝卜洗净，切块；葱洗净，切成葱花；大米洗净。
❷ 锅置火上，注入清水，放入大米，用大火煮至米粒绽开。
❸ 放入百合、白萝卜，改用小火煮至粥成，再调入盐、味精煮至入味，撒葱花即可。

制作指导
　　也可加点枸杞子，滋补效果更佳。

虾米节瓜羹

虾米味甘，咸，性温，具有补肾壮阳、理气开胃之功效。

材料

虾米··················40克
节瓜··················50克
红枣··················· 3颗
大米·················· 100克
盐····················· 4克
姜····················· 5克
葱····················· 5克

做法

❶ 节瓜、姜去皮，洗净，切丝；虾米洗净备用；葱切成葱花；红枣去核切丝备用。

❷ 锅上火，注入适量清水，加入姜丝、枣丝，大火烧沸，放入洗净的大米，再次烧沸后，再用小火熬煮。

❸ 熬至米粒软烂时，放入虾米、节瓜丝，继续煮至呈米糊状，最后调入盐、撒上葱花即可。

制作指导

无论是保存淡质虾米，还是咸质虾米，都可在瓶中放入适量大蒜，以避免虫蛀。

薏米绿豆羹

绿豆具有清除肌肤毒素的作用，对于肌肤舒缓也特别有效。

材料

大米	60 克
薏米	40 克
玉米粒	30 克
绿豆	30 克
盐	2 克

做法

❶ 大米、薏米、绿豆均泡发，洗净；玉米粒洗净。

❷ 锅置火上，倒入适量清水，放入大米、薏米、绿豆，以大火煮至开花。

❸ 加入玉米粒煮至浓稠状，调入盐即可。

制作指导

绿豆忌用铁锅煮食，否则会变黑。

柏子仁大米羹

柏子仁含有少量挥发油以及皂苷、蛋白质、钙、磷、铁、维生素等，其性平味甘，具有养心安神、润肠通便的功效。

材料

柏子仁	5 克
大米	80 克
盐	1 克

做法

❶ 大米泡发，洗净；柏子仁洗净。

❷ 锅置火上，倒入清水，放入大米，以大火煮至米粒开花。

❸ 加入柏子仁，以小火煮至浓稠状，调入盐拌匀即可。

制作指导

柏子仁以粒饱满、黄白色、油性大而不泛油、无皮壳杂质者为佳。

香蕉玉米羹

香蕉含有的维生素 B_5 等成分是人体的"开心激素"，能减轻心理压力，解除忧郁。

材料
大米……………………80 克
冰糖……………………12 克
香蕉、玉米粒、豌豆各适量

做法
❶ 大米泡发，洗净；香蕉去皮，切片；玉米粒、豌豆洗净。
❷ 锅置火上，注入清水，放入大米，用大火煮至米粒绽开。
❸ 放入香蕉、玉米粒、豌豆、冰糖，用小火煮至闻见香味即可。

制作指导
也可把香蕉碾成糊状加入羹中。

绿豆菊花羹

绿豆是夏令饮食中的上品，具有较高的药用价值。盛夏酷暑，喝些绿豆菊花羹，不仅甘凉可口，而且可以防暑消热。

材料
百合……………………30 克
绿豆……………………80 克
黄菊……………………… 5 克
盐……………………… 2 克

做法
❶ 绿豆用清水泡发，洗净；百合洗净，切片；黄菊洗净。
❷ 锅中加水烧开，放入绿豆煮至开花。
❸ 加入百合同煮至浓稠状，调入盐拌匀，撒上菊花即可。

制作指导
也可用杭白菊代替黄菊。

莲子红米羹

莲子具有清心醒脾、补脾止泻、养心安神、明目、补中养神、止泻固精、益肾涩精、止带、滋补元气的功效。

材料
莲子······40 克
红米······80 克
红糖······10 克

做法
❶ 红米泡发洗干净；莲子去心洗干净。
❷ 锅置火上，倒入清水，放入红米、莲子煮至开花。
❸ 加入红糖同煮至浓稠状即可。

制作指导
莲子也可以不去心，这样清热去火的效果更好。

牛奶大米羹

牛奶中的乳清对黑色素有消除作用，可防治多种色素沉着引起的斑痕，还可以促进皮肤的新陈代谢。

材料
枸杞子······ 10 克
牛奶······ 300 毫升
大米······80 克
白糖、葱各适量

做法
❶ 大米泡发洗净；枸杞子洗净；葱洗净，切成葱花。
❷ 锅置火上，倒入牛奶，放入大米煮开。
❸ 加入枸杞子同煮至浓稠状，调入白糖拌匀，再撒上葱花即可。

制作指导
也可加蜂蜜调味，滋补效果更佳。

三丝萝卜羹

食用木耳可减少脂质过氧化产物脂褐质的形成，有美容护肤、延缓衰老的作用。

材料

胡萝卜·····················50 克

白萝卜·····················50 克

青萝卜·····················50 克

木耳·······················10 克

鸡蛋························ 1 个

水淀粉、鸡精、盐各适量

做法

❶ 三种萝卜洗净，去皮，切丝；木耳泡发，洗净，切丝；鸡蛋打入碗内搅匀，备用。

❷ 净锅上火，放入清水，大火烧沸，下入切好的三种萝卜丝和木耳。

❸ 大火炖至萝卜丝熟，调入盐、鸡精，用水淀粉勾芡后，淋入鸡蛋液拌匀即可。

制作指导

假鲜木耳不宜食用，因为它含有一种叫卟啉的光感物质，食用后可能会引起皮肤瘙痒。

红枣菊花羹

菊花可散风清热、平肝明目，适宜风热感冒、头痛眩晕、目赤肿痛、眼目昏花者食用。

材料
大米……………… 100 克
红枣……………………30 克
菊花瓣少许，红糖 5 克

做法
❶ 大米淘洗干净，用清水浸泡；菊花瓣洗净备用；红枣洗净，去核备用。
❷ 锅置火上，加适量清水，放入大米、红枣，煮至九成熟。
❸ 加入菊花瓣煮至米粒开花，羹浓稠时，加红糖调匀即可。

制作指导
火气大者可用冰糖代替红糖。

多味水果羹

大多数水果都具有降血压、延缓衰老、减肥瘦身、保养皮肤、明目、抗癌、降低胆固醇等保健作用。

材料
葡萄……………………… 10 克
大米……………… 100 克
冰糖……………… 5 克
梨、芒果、西瓜、苹果各 10 克

做法
❶ 大米洗净，用清水浸泡片刻；梨、苹果洗净，切块；芒果、西瓜切块；葡萄洗净。
❷ 锅置火上，放入大米，加水煮至粥将成。
❸ 放入所有水果煮至米粒开花，加冰糖熬至溶化后调匀即可。

制作指导
也可加少许蜂蜜调味。

山楂冰糖羹

　　山楂含蛋白质、维生素 C、胡萝卜素等物质，具有美白肌肤和抑制黑色素形成的作用。

材料

山楂……………………30 克
大米…………………… 100 克
冰糖…………………… 5 克

做法

❶ 大米洗净，放入清水中浸泡；山楂洗净。
❷ 锅置火上，放入大米，加适量清水煮至七成熟。
❸ 放入山楂煮至米粒开花，再放入冰糖煮溶后搅拌均匀即可。

制作指导

　　生山楂不宜食用，因为它所含的鞣酸与胃酸结合容易形成胃石，不容易被消化掉。

玉米大米羹

玉米中所含的胡萝卜素，被人体吸收后能转化为维生素 A，具有防癌作用；其所含的天然维生素 E 则有促进细胞分裂、延缓衰老的功效。

材料
玉米粒······················80 克
大米····················· 120 克
车前子、盐各适量

做法
❶ 将玉米粒和大米一起泡发，再洗净；车前子洗净，捞起沥干水分。
❷ 锅置火上，加入玉米粒和大米，再倒入适量清水烧开。
❸ 加入车前子同煮至粥成，加盐拌匀即可。

制作指导
也可把盐换成白糖做成甜羹。

芝麻牛奶羹

芝麻中含有丰富的维生素 E，能防止过氧化脂质对皮肤的伤害，可使皮肤白皙润泽，并能防治各种皮肤炎症。

材料
熟黑芝麻·················· 5 克
纯牛奶·············· 200 毫升
大米·····················80 克
白糖·················· 3 克

做法
❶ 大米泡发，洗净。
❷ 锅置火上，倒入清水，放入大米，煮至米粒开花。
❸ 注入牛奶，加入熟黑芝麻同煮至浓稠状，调入白糖拌匀即可。

制作指导
可把白糖换成蜂蜜，排毒效果更佳。

PART 3

护肤滋补汤

美白养颜的营养成分不仅仅只是在菜肴中，滋补的汤水更能令您吸收到充足的营养，越喝越美。本章精选了多种具有美白养颜功效的美人汤，让您在汤水的浸润下，从里到外，散发迷人光彩。

绿茶山药汤

　　绿茶有助于延缓衰老，其所含的茶多酚具有很强的抗氧化性和生理活性，是人体自由基的清除剂。

材料

绿茶粉······················30 克
山药······················ 100 克
板豆腐····················· 1 块
红薯粉······················60 克
盐························· 3 克

做法

❶ 豆腐挤干水分，加入绿茶粉；山药削皮洗净，磨成泥，加入豆腐中，同方向拌匀。

❷ 取一小撮揉成圆球，表面沾红薯粉，用热油炸至呈金黄色，捞起。

❸ 锅里加水煮开，将豆腐丸子加入，以中火煮开后转小火续煮5分钟，加盐调味即可。

制作指导

　　茶多酚作为酚类物质或其衍生物的总称，在空气中很容易因挥发而丧失其抗氧化作用，所以最好选用新茶制品。

胡萝卜红枣汤

材料

胡萝卜·················· 130 克

红枣····················· 10 颗

冰糖····················· 少许

做法

① 将胡萝卜洗净，切块；红枣洗净，用温水浸泡。

② 锅中加适量清水，放入胡萝卜和红枣，用温火煮40分钟，再加冰糖调味即可。

芋头米粉汤

材料

湿米粉·····················80 克

芋头·······················30 克

盐、油葱、虾皮、芹菜、高汤各适量

做法

① 芋头洗净，去皮，切小丁；芹菜洗净，去叶切细末。

② 热锅入油，爆香油葱、虾皮，再加入水、高汤、芋头，待芋头煮至软后，再放入湿米粉，加盐调味，最后撒上芹菜末即可。

三菇百合汤

材料

金针菇················· 200 克

茶树菇················· 150 克

蘑菇··················· 150 克

百合····················· 3 个

枸杞子、盐、鸡精、香油各适量

做法

① 百合洗净；茶树菇、蘑菇、金针菇洗净。

② 将水烧开，下茶树菇、百合、蘑菇煮熟。

③ 再放入金针菇和枸杞子煮熟后，加入盐、鸡精，淋入香油，起锅盛入碗中即可。

桂圆花生汤

花生仁中的锌元素含量很高，对皮肤干燥、血色不足等都有食疗作用。

材料
桂圆······················ 10 颗
花生仁····················· 20 克
糖······················· 10 克

做法
❶ 将桂圆去壳，取肉备用。
❷ 花生仁洗净，再浸泡20分钟。
❸ 锅中加水，将桂圆肉与花生仁一起下入，煮30分钟后，加糖调味即可。

制作指导
　　花生仁受潮变霉后会产生致癌性很强的黄曲霉菌毒素，所以不可吃发霉的花生仁。

银耳西红柿汤

材料
银耳⋯⋯⋯⋯⋯⋯30克
西红柿⋯⋯⋯⋯⋯ 120克
冰糖⋯⋯⋯⋯⋯⋯ 10克

做法
❶ 银耳用温水泡发，洗净，撕碎。
❷ 西红柿洗净，切块；冰糖捣碎，备用。
❸ 锅内加适量水，放入银耳、西红柿块，大
火烧沸，调入冰糖再煮沸即成。

薏米莲子火腿汤

材料
薏米⋯⋯⋯⋯⋯⋯20克
莲子⋯⋯⋯⋯⋯⋯ 10克
猪瘦肉、火腿、盐各适量

做法
❶ 猪瘦肉、火腿洗净切块；薏米、莲子泡
发；猪瘦肉、火腿块汆水后捞出。
❷ 锅中加入适量沸水、猪瘦肉、火腿煲开，
下薏米、莲子煲50分钟至熟，加入盐调味
即可。

板栗蜜枣汤

材料
板栗⋯⋯⋯⋯⋯⋯ 100克
蜜枣⋯⋯⋯⋯⋯⋯ 4颗
桂圆肉⋯⋯⋯⋯⋯ 15克
冰糖⋯⋯⋯⋯⋯⋯ 10克

做法
❶ 桂圆肉洗净；蜜枣去核备用。
❷ 将板栗加水略煮，去其粗皮。
❸ 将所有材料放入锅中，加入水，以小火煮
50分钟，再加适量冰糖煮沸即可。

鹅肉土豆汤

　　鹅肉营养丰富，富含人体必需的多种氨基酸、蛋白质、维生素、烟酸、糖、微量元素，并且脂肪含量很低，不饱和脂肪酸含量高，对人体健康十分有利。

材料

鹅肉……………… 500 克

土豆……………… 200 克

红枣………………50 克

枸杞子………………50 克

香油、味精、料酒、姜片、盐、葱各适量

做法

❶ 鹅肉洗净后剁成块，汆水备用；土豆洗净，去皮，切块；葱洗净，切段备用。

❷ 锅中烧水，下入姜片、枸杞子、红枣和鹅块，再调入盐、味精、料酒炖烂后，下入土豆炖约30分钟，淋上香油，撒上葱段即可。

制作指导

　　鹅肉不宜与鸭梨同食，同食易使人生热病。

核桃沙参汤

材料
核桃仁·····················50 克
沙参·······················20 克
生姜·······················4 片
红糖·······················5 克

做法
① 将核桃仁冲洗干净；沙参洗净。
② 砂锅内放入核桃仁、沙参和姜片。
③ 加水用小火煮40分钟，加入红糖即可。

豆腐鲜汤

材料
豆腐·······················2 块
草菇······················50 克
西红柿·····················1 个
葱花、姜片、香油、盐、生抽各适量

做法
① 豆腐、西红柿均洗净，切片；草菇洗净。
② 锅中加水煮沸后，放入豆腐、草菇、姜片，调入盐、香油、生抽。
③ 加入西红柿煮约2分钟后，撒上葱花即可。

西红柿豆腐汤

材料
西红柿·····················250 克
豆腐·······················2 块
盐、水淀粉、香油、葱花各适量

做法
① 豆腐切粒；西红柿洗净，切粒，与豆腐一起放入碗中，加盐、水淀粉、葱花拌匀。
② 炒锅置中火上，下油烧至六成热，倒入豆腐、西红柿，翻炒至熟。
③ 约煮5分钟后，撒上剩余葱花，调入盐，淋上香油即可。

薏米南瓜浓汤

薏米性凉，味甘、淡，入脾、肺、肾经，具有利水、健脾、除痹、清热排脓的功效。

材料

薏米……………………35克
南瓜………………… 150克
洋葱……………………60克
奶油……………… 5克
盐…………………… 3克
奶精…………………… 少许

做法

1 薏米洗净，放入果汁机打成薏米泥；南瓜、洋葱洗净切丁，均入果汁机打成泥。

2 锅烧热，将奶油融化，将南瓜泥、洋葱泥、薏米泥倒入锅中煮沸并化成浓汤状后加盐，再淋上奶精即可。

制作指导

要选择个体结实、表皮无破损、无虫蛀的南瓜。吃南瓜前要仔细检查，如果发现表皮有溃烂之处，或切开后散发出酒精味等，则不可食用。

味噌豆腐汤

材料

海带芽····················· 5 克

茼蒿······················· 50 克

豆腐······················· 150 克

味噌······················· 5 克

做法

❶ 海带芽泡水备用；茼蒿去蒂洗净；豆腐切丁备用。

❷ 锅中烧水，水煮沸后放海带芽、豆腐丁，利用味噌调味（味噌加入少许水调匀后，再放入汤中），放入茼蒿，烧沸即可。

白果薏米汤

材料

白果······················· 15 克

腐竹······················· 100 克

薏米、陈皮、黑枣、盐各适量

做法

❶ 白果去壳取肉，用沸水浸去外层薄膜；薏米和陈皮分别用水浸透，洗干净。

❷ 腐竹洗净，切短段；黑枣用清水洗干净。

❸ 水烧开，加入白果肉、陈皮、薏米和黑枣煲2小时，放腐竹再煲30分钟，调入盐即可。

红豆粉葛汤

材料

粉葛······················· 250 克

龙骨······················· 250 克

红豆、姜片、盐、味精各适量

做法

❶ 粉葛去皮，洗净，切滚刀块；龙骨斩件，与粉葛一起放入沸水中过水，捞出沥干。

❷ 将龙骨、粉葛、姜片下入锅中，加水煮开，再加入红豆继续煮35分钟，最后用盐和味精调味即可。

菊花桔梗雪梨汤

雪梨柔嫩多汁，有补血生肌的美容作用。

材料
甘菊·····················　5朵
桔梗·····················　5克
雪梨·····················　1个
冰糖·····················　5克

做法

❶ 甘菊、桔梗加1200毫升水煮开，转小火继续煮10分钟，去渣留汁，加入冰糖搅匀后，盛出待凉。

❷ 梨洗净削去皮，梨肉切丁，加入已凉的甘菊水即可。

制作指导

　　贮藏雪梨的适宜温度为 –1~2℃，贮藏温度过低会使雪梨发生冻伤；在冰箱中保存雪梨时，温度以不低于0℃、不高于5℃为宜。

冬瓜瘦肉汤

材料
猪瘦肉……………… 150 克
冬瓜……………… 150 克
茯苓……………… 8 克
盐、味精各适量

做法
❶ 冬瓜洗净，切块；猪瘦肉洗净，切小块。
❷ 锅中注水烧开，放入猪瘦肉、茯苓过水，捞出洗净后放入锅中，加入适量水。
❸ 大火煮开，再改用小火煲1小时，加入冬瓜继续煲至瓜熟，最后调入盐、味精即可。

百合桂圆肉汤

材料
百合……………… 150 克
桂圆肉……………… 20 克
猪瘦肉、红枣、花生油、糖、盐各适量

做法
❶ 百合剥成片状，洗净；桂圆肉洗净。
❷ 猪瘦肉洗净，切片；红枣泡发。
❸ 锅中注入清水，加入花生油、百合、桂圆肉、红枣，煮沸，再放入瘦肉，小火煮至瘦肉熟，最后加入盐、糖调味即可。

黄花菜木耳肉汤

材料
干黄花菜…………… 100 克
黑木耳……………… 1 朵
肉片、油菜、盐各适量

做法
❶ 黄花菜去梗，以清水泡软，捞起，沥干。
❷ 黑木耳洗净，切条；油菜洗净，切段。
❸ 锅中加入1500毫升水煮沸后，下黄花菜、黑木耳、肉片，待肉片将熟，下油菜，加盐调味，再煮沸一次即可。

杨桃紫苏梅甜汤

杨桃里面的果酸，能够抑制黑色素沉淀，有效去除或淡化黑斑。

材料

杨桃…………………… 1 个

紫苏梅…………………… 4 颗

麦门冬………………… 15 克

天门冬………………… 10 克

紫苏梅汁………………… 15 毫升

冰糖…………………… 10 克

做法

❶ 将麦门冬、天门冬放入棉布袋；杨桃表皮以少量的盐搓洗，切除头尾，再切成片状。

❷ 将以上材料及紫苏梅放入锅中，以小火煮沸，加入冰糖搅拌至溶化。

❸ 取出药材，加入紫苏梅汁拌匀，待降温后食用即可。

制作指导

杨桃性微寒，所以无论食生果或饮汁，最好不要冰凉及加冰饮食。

山药薯肉汤

材料

猪瘦肉·····················60 克

山药·······················200 克

凉薯·····················20 克

盐、味精各适量

做法

❶ 猪瘦肉洗净，切片；凉薯、山药分别去皮，洗净，切厚片。

❷ 把以上用料放入煲内，加适量清水，大火煮沸后，改小火煲2小时。

❸ 最后加入盐、味精即可。

小白菜煲排骨

材料

排骨·····················180 克

小白菜·····················100 克

姜、盐、味精各适量

做法

❶ 排骨斩件；小白菜择去老叶后洗净。

❷ 排骨入沸水锅中汆烫，捞出，清洗干净。

❸ 锅入水，下姜、排骨煲50分钟，再下入小白菜，调入盐、味精，煮至入味即可。

瓜豆排骨汤

材料

黄瓜·····················50 克

扁豆·····················30 克

麦门冬·····················20 克

排骨·····················150 克

蜜枣、盐各适量

做法

❶ 黄瓜去瓤，洗净切段；扁豆、蜜枣、麦门冬洗净；排骨斩件，洗净余水。

❷ 将水倒入瓦煲内，煮沸后加入以上材料大火煮沸，改小火煲3小时，加盐调味即可。

牛奶银耳水果汤

猕猴桃对修护人体细胞膜、活化皮肤细胞都有重要作用。

材料

银耳·················· 100 克

猕猴桃·················· 1 个

圣女果·················· 5 颗

鲜奶·················· 300 毫升

做法

❶ 银耳用清水泡软，去蒂，切成细丁，放入鲜奶中，以中小火边煮边搅拌，煮至熟软，熄火待凉装碗。

❷ 圣女果洗净，对切成两半；猕猴桃削皮，切丁，和鲜奶一起放入碗中即可。

制作指导

若想让猕猴桃快熟，可以将一个已熟香蕉、苹果或水蜜桃与猕猴桃一起放入袋中，以加速其成熟。

木瓜排骨汤

材料

木瓜·····················150 克
排骨·····················150 克
生姜、盐、味精各适量

做法

❶ 将木瓜削皮去子，洗净，切块；排骨洗净，斩块。

❷ 木瓜、排骨、生姜同放入锅里，加适量清水，用大火煮沸后，改用小火煲2小时。

❸ 待熟后，调入盐、味精即可。

莲藕菱角排骨汤

材料

莲藕·····················200 克
菱角·····················200 克
排骨、胡萝卜块、盐、白醋各适量

做法

❶ 排骨斩件，入沸水汆烫，捞出；莲藕削皮洗净，切块；菱角焯烫后剥净外皮膜。

❷ 将排骨、莲藕、胡萝卜、菱角放入锅中，加水至盖过材料，再加白醋煮开，炖40分钟，加盐调味即可。

山药玉米排骨汤

材料

山药·····················30 克
带须玉米·················150 克
排骨·····················100 克
黄芪、蜜枣、盐各适量

做法

❶ 山药、黄芪、蜜枣洗净，加清水浸泡好；玉米洗净，切段；排骨洗净斩段，汆水。

❷ 将适量清水放入瓦煲内，煮沸后加入以上用料，以大火煲沸后，改用小火煲3小时，加盐调味即可。

百合莲子排骨汤

莲子性味甘平，具有补脾止泻、益肾固精、养心安神等功效。孕妇适量食用该汤具有养心除烦、安神固胎的功效。

材料

百合……………………35 克
莲子……………………25 克
红枣（去核）…………25 克
小排骨…………………100 克
胡萝卜…………………60 克
米酒……………………100 毫升
盐………………………3 克

做法

❶ 百合、莲子、红枣分别洗净；莲子泡水后沥干水分，备用。

❷ 排骨斩件，用热水汆烫后洗净；胡萝卜洗净，去皮后切小块，备用。

❸ 将以上材料和水、米酒放入锅中，煮沸后转小火熬煮约1小时，加盐调味即可。

制作指导

莲子最忌受潮受热，受潮容易虫蛀，受热则莲芯的苦味会渗入莲肉，因此，莲子应存于干爽处。

西红柿咸肉汤

材料
猪瘦肉……………………50 克
西红柿………………… 200 克
胡萝卜、莲子、香油、盐、葱花各适量

做法
① 猪瘦肉洗净，抹干水分，用盐搓匀，腌一夜，即成咸猪肉，取出切小块；胡萝卜、西红柿均去皮，洗净，切块；莲子洗净。
② 咸肉、胡萝卜、莲子入锅煮沸，以小火煲20分钟，再加入西红柿煲5分钟，最后加入盐、香油、葱花调味即可。

木瓜炖猪肚

材料
木瓜块……………… 100 克
猪肚…………………… 1 副
姜片、盐、胡椒粉、淀粉各适量

做法
① 猪肚洗净，用盐、淀粉稍腌，洗净切块。
② 锅上火，爆香姜片，加适量水烧开，加入猪肚、木瓜，焯烫片刻，捞出沥干水。
③ 猪肚下入锅中，下入汤、姜片、木瓜以中小火煲至熟，加入盐、胡椒粉调味即可。

猪肚菇肉汤

材料
猪肚菇……………… 150 克
猪肉………………… 100 克
葱、姜、盐、清汤各适量

做法
① 猪肉洗净，切成小方块；猪肚菇洗净，撕成小条；姜切片；葱切成葱花。
② 锅中下清汤烧开，下入姜片、猪肉块煮熟后，加入猪肚菇。
③ 大火煮20分钟，调入盐，撒上葱花即可。

雪梨银耳百合汤

百合富含黏液质及维生素，对皮肤细胞新陈代谢有益，常食百合可美容。

材料

银耳·····················10 克
雪梨······················ 1 个
枸杞子···················· 5 克
百合······················ 5 克
冰糖·····················10 克

做法

❶ 雪梨洗净，去皮、去核，切小块待用。

❷ 银耳泡水30分钟后，洗净撕成小朵；百合、枸杞子洗净待用。

❸ 锅中倒入清水，放银耳，大火烧开，转小火将银耳炖烂，加入百合、枸杞子、梨、冰糖，炖至梨熟即可。

制作指导

百合虽能补气，但亦伤肺气，故不宜多服。

猪肺花生汤

材料
猪肺·························· 1个
花生仁······················ 100克
黄酒························· 8毫升
盐·························· 3克

做法
① 猪肺洗净，切块，同花生仁一起下入锅中，锅内注水以小火炖1小时。
② 去浮沫，加入盐、黄酒，再炖1小时即可。

西红柿猪肝汤

材料
西红柿······················ 1个
猪肝······················· 150克
金针菇、鸡蛋、盐、酱油各适量

做法
① 猪肝洗净，切片，氽去血水；西红柿稍烫，去皮切块；金针菇洗净；鸡蛋打散。
② 锅上火，加酱油、水、猪肝、金针菇、西红柿一起煮10分钟，淋入蛋液，再加盐调味，稍加搅拌即可。

人参猪腰汤

材料
人参······················· 10克
猪腰······················· 1副
油菜、盐各适量

做法
① 猪腰处理干净，切成斜纹花，再切成片；油菜洗净，切段。
② 将猪腰下入沸水中氽烫，捞出。锅中加水，加入人参大火煮开，转小火煮10分钟熬汤，再转中火，待汤一开，放入腰花片、油菜，水开后加盐调味即可。

冰糖炖木瓜

木瓜能强化女性激素的生理代谢平衡，润肤养颜。

材料
木瓜……………… 260 克
冰糖……………… 50 克

做法
❶ 将木瓜洗净，去皮、去子，切成小块。
❷ 将木瓜、冰糖放入炖盅内，倒入适量水。
❸ 将炖盅放入蒸笼蒸熟即可。

制作指导
　　木瓜大多丰腴甜美，挑选木瓜宜选择外观无淤伤凹陷、果形呈长椭圆形且尾端稍尖者。

香菇猪尾汤

材料

黄豆芽·················· 100 克
猪尾·················· 300 克
鲜香菇、胡萝卜、盐各适量

做法

❶ 猪尾剁段，放入开水中汆烫后捞出。

❷ 香菇洗净，去蒂，切厚片；豆芽掐去须根，洗净，沥干；胡萝卜削皮，切块。

❸ 将上述材料放入锅中，加水至盖过材料，大火煮开，转小火继续煮25分钟，加盐调味即可。

人参猪蹄汤

材料

猪蹄·················· 200 克
薏米、人参须、黄芪、麦门冬、
胡萝卜块、生姜片、盐各适量

做法

❶ 将人参须、黄芪、麦门冬均洗净，加入棉布袋；薏米洗净，与棉布袋一起下入锅中；猪蹄洗净，剁块，汆烫后放入锅中。

❷ 将胡萝卜块、姜片下入锅中，以小火煮至肉熟，拣出药材包，加盐调味即可。

黄豆芽骶骨汤

材料

党参·················· 15 克
黄豆芽·················· 200 克
猪尾骶骨·················· 1 副
西红柿、盐各适量

做法

❶ 猪尾骶骨切段，汆烫后捞出，再冲洗。

❷ 黄豆芽冲洗干净；西红柿洗净，切块。

❸ 将猪尾骶骨、黄豆芽、西红柿和党参下入锅中，加水煮开，再以小火炖30分钟，加盐调味即可。

清炖牛肉

牛肉是中国人消费的主要肉类食品之一，仅次于猪肉，牛肉蛋白质含量高，而脂肪含量低，所以味道鲜美，受人喜爱，享有"肉中骄子"的美称。

材料
牛肉·················· 400 克
白萝卜··············· 200 克
胡萝卜··············· 100 克
葱、姜、盐、料酒、清汤各适量

做法
❶ 将牛肉洗净，剁成块；白萝卜、胡萝卜洗净，切成菱形块；葱切段；姜切片备用。
❷ 将牛肉块汆烫后去除血水，捞起沥干水分。
❸ 锅中油烧热后爆香姜片，注入清汤，下入牛肉块炖煮30分钟后，调入盐、料酒，加入白萝卜、胡萝卜炖煮30分钟，撒上葱段即可。

制作指导
牛肉制作前要先整块冲洗，切成核桃大小的块，再在清水中浸泡 30 分钟，以除去污染物质。

枸杞牛肉汤

材料
新鲜山药……………… 300 克
枸杞子………………… 10 克
牛腱肉………………… 400 克
盐……………………… 5 克

做法
❶ 牛肉切块，洗净，汆烫后捞出，再用水冲净；山药削皮，洗净切块。
❷ 将牛肉放入锅中，加适量水以大火煮开，再转小火慢炖1小时，加入山药、枸杞子继续煮10分钟，加盐调味即可。

水果煲牛腱

材料
苹果…………………… 1 个
牛腱…………………… 300 克
雪梨、杏仁、红枣、姜、盐各适量

做法
❶ 牛腱洗净，切块，汆烫后捞起备用。
❷ 杏仁、红枣和姜洗净，红枣去核备用；苹果、雪梨洗净，去皮，切薄片。
❸ 将以上材料放入煲中，加水，以大火煮沸，再以小火煮至肉熟，最后调入盐即可。

红豆牛腩莲藕汤

材料
莲藕…………………… 300 克
牛腩…………………… 400 克
红豆、生姜、蜜枣、盐各适量

做法
❶ 莲藕洗净，切块；红豆、蜜枣分别洗净。
❷ 牛腩洗净，切成块状，汆水；油锅烧热，将牛腩与生姜一起爆炒5分钟。
❸ 瓦煲中加入沸水及莲藕、盐外的所有材料，煮沸后以小火煲3小时，再将莲藕块放入煲内煲9分钟，加盐调味即可。

银耳木瓜盅

长期食用银耳可以润肤，并可祛除脸部黄褐斑、雀斑。

材料
银耳······················20 克
木瓜······················ 1 个
莲子······················10 克
冰糖······················10 克

做法
❶ 木瓜洗净后在1/3处切开，去掉内瓤，并在开口处切一圈花边，制成木瓜盅。
❷ 银耳泡发；莲子去心，洗净待用。
❸ 将银耳和莲子放入木瓜盅内，加入冰糖，倒入适量清水，置于蒸锅中，隔水蒸熟即可。

制作指导
银耳本身应无味道，选购时可取少许试尝，如对舌有刺激或有辣的感觉,证明这种银耳是用硫黄熏制过的。

土豆炖牛肉

材料

土豆·························· 1 个
牛肉·························· 300 克
料酒、姜片、生抽、盐各适量

做法

① 牛肉洗净，切块；土豆洗净，去皮切块。
② 锅中注水烧开，放入切好的牛肉块氽烫一下，捞出沥水。
③ 瓦煲内加水煮沸，再加入土豆和姜片，煮沸后，改中火煲至土豆熟烂，放入牛肉，煲至肉熟，再调入料酒、生抽、盐即可。

红枣炖兔肉

材料

兔肉·························· 300 克
红枣·························· 25 克
马蹄·························· 50 克
生姜、盐各适量

做法

① 兔肉洗净切块；红枣、马蹄洗净。
② 把以上全部用料及生姜放入炖盅内，加适量沸水，盖好盅盖，隔沸水炖1~2小时，加盐调味即可。

板栗桂圆炖猪蹄

材料

桂圆·························· 100 克
猪蹄·························· 2 只
新鲜板栗、盐各适量

做法

① 板栗加入沸水中煮5分钟，捞起剥膜，沥干；猪蹄斩件，放入沸水中氽烫后捞起，再冲净一次；桂圆去壳，备用。
② 将板栗、猪蹄盛入炖锅，加水至淹过材料，以大火煮开，转小火炖约2小时。
③ 桂圆入锅继续煮5分钟，加盐调味即可。

银耳枸杞汤

枸杞子中含有的甜菜碱可使人肤色光亮、红润，适宜女性食用。

材料

银耳·················· 300 克

枸杞子·················20 克

白糖·················· 5 克

做法

❶ 将银耳泡发后洗净；枸杞子洗净，泡发。

❷ 将泡软的银耳切成小朵。

❸ 锅中加水烧开，下入银耳、枸杞子煮开，再调入白糖即可。

制作指导

枸杞子一般不宜和过多茶性温热的补品如红参等食用，但可与大枣同食。

苦瓜菠萝鸡

材料

咸菠萝·····················60 克

苦瓜·····················100 克

鸡肉·····················300 克

姜、米酒、盐各适量

做法

❶ 咸菠萝切片；苦瓜洗净，对半剖开，去子，切厚片；姜去皮，洗净，切片备用。

❷ 鸡肉洗净，切块，放入开水中汆去血水。

❸ 锅中加入适量水煮开，放入以上全部材料，煮至肉熟，加入米酒、盐煮匀即可。

荔桂鸡心汤

材料

荔枝肉·····················30 克

桂圆肉·····················30 克

鸡心·····················200 克

盐·····················5 克

做法

❶ 荔枝、桂圆去核洗净；鸡心处理干净。

❷ 将适量清水倒入瓦煲中，煮沸后加入以上用料，以大火煲沸后，改用小火煲2小时，加盐调味即可。

海参姜鸡汤

材料

海参·····················3 只

鸡腿·····················150 克

姜、盐各适量

做法

❶ 鸡腿洗净，剁块，放入开水中汆烫后捞出，备用；姜切片；海参自腹部切开，洗净腔肠，切大块，汆烫，捞起。

❷ 锅中加入沸水，加鸡块、姜片煮沸，转小火炖20分钟左右，再加入海参继续炖5分钟，加盐调味即可。

白果乌鸡汤

　　白果味甘、微苦、涩，性温，有小毒，具有生津、止渴、清热等功效。同时具有排毒养颜、祛痘之功效，适用于痤疮、青春痘患者。经常食用白果，可以滋阴养颜抗衰老、扩张微血管、促进血液循环，使人肌肤红润、精神焕发、延年益寿。

材料

白果	30克
莲子	150克
乌鸡腿	1只
盐	5克

做法

① 乌鸡腿洗净，剁块，放入沸水中汆烫，捞出冲净。

② 将鸡腿块放入锅中，加水至淹过材料，以大火煮开，再转小火煮20分钟。

③ 莲子洗净，放入鸡腿锅中，继续煮15分钟，再加入白果煮开，最后加盐调味即成。

制作指导

　　也可以把白果捣碎成粉末状，加入汤中。

乳鸽炖洋葱

材料
乳鸽·················· 200 克
洋葱·················· 250 克
姜片、盐、白糖、胡椒粉、高汤、
食用油、味精各适量

做法
❶ 乳鸽洗净，切块；洋葱洗净，切角状。
❷ 热锅入油，下洋葱片、姜片爆炒至出味。
❸ 再下入乳鸽，加入高汤用小火炖20分钟，
加白糖、盐、胡椒粉、味精等，煮至入味
后出锅即可。

红豆乳鸽汤

材料
红豆····················50 克
花生仁··················50 克
乳鸽·················· 200 克
桂圆肉、盐各适量

做法
❶ 红豆、花生仁、桂圆肉洗净浸泡；乳鸽处
理干净，斩件，入沸水中汆烫，去血水。
❷ 瓦煲中加入沸水，加以上材料，以大火煲
沸，再改小火煲2小时，加盐调味即可。

杏仁鹌鹑汤

材料
冬虫夏草················ 6 克
杏仁··················· 15 克
鹌鹑··················· 1 只
蜜枣、盐各适量

做法
❶ 冬虫夏草洗净，浸泡；杏仁用温水浸泡，
去红皮、杏尖，洗净。
❷ 鹌鹑处理干净，斩件；蜜枣洗净。
❸ 将以上材料放入炖盅内，注入沸水，加
盖，隔水炖4小时，加盐调味即可。

桂圆山药红枣汤

红枣为补养佳品，常食红枣可滋气血、润肌肤。

材料
桂圆肉……………… 100 克
新鲜山药…………… 150 克
红枣………………… 6 颗
冰糖………………… 10 克

做法
❶山药削皮，洗净，切小块；红枣洗净。
❷锅内加入适量的清水煮开，加入山药块煮沸，再下入红枣。
❸待山药熟透、红枣松软，将桂圆肉剥散加入，待桂圆之香甜味渗入汤中即可熄火，加冰糖提味即可。

制作指导
红枣虽好，但吃多了会胀气，因此应注意控制食量。

乌梅银耳鱼汤

材料

银耳·························· 100 克

鲤鱼·························· 300 克

乌梅、姜片、盐、香菜各适量

做法

❶ 起煎锅，放少许油，放入姜片爆香，再放入收拾干净的鲤鱼，煎至金黄。

❷ 银耳泡发，撕成小朵，同煎好的鲤鱼一起放入炖锅，加水适量。

❸ 加入乌梅，以中火煲1小时，待汤色转成奶色，再加盐调味，撒点香菜提味即可。

枸杞蛋包汤

材料

枸杞子····················· 5 克

鸡蛋······················· 2 个

盐························· 3 克

做法

❶ 枸杞子用水泡软。

❷ 锅中加水煮开后转中火，打入鸡蛋。

❸ 将枸杞子放入锅中和鸡蛋同煮，待蛋黄熟时加盐调味即可。

莲子百合汤

材料

莲子····················· 50 克

黑豆····················· 300 克

百合、鲜椰汁、冰糖、陈皮各适量

做法

❶ 莲子用沸水浸泡30分钟，再煲煮15分钟，倒出冲洗；百合、陈皮浸泡，洗净；黑豆洗净，用沸水浸泡1小时以上。

❷ 在沸水中下黑豆、莲子、百合、陈皮，煲45分钟，改小火煲1小时，再下冰糖、椰汁煮溶即可。

胡萝卜珍珠贝汤

　　胡萝卜含有降糖物质，是糖尿病患者的良好食品，其所含的某些成分，能降低血脂，促进肾上腺素的合成，还有降压、强心作用，是高血压、冠心病患者的食疗佳品。

材料
胡萝卜·················20 克
珍珠贝················· 100 克
油菜·················50 克
盐··················· 3 克
葱··················· 8 克
香菇····················· 10 克

做法

❶ 胡萝卜洗净，切成小块；珍珠贝洗净；油菜洗净，去叶留梗；葱洗净，切末；香菇洗净，切片。

❷ 锅中加油烧热，放入珍珠贝略炒后，加入适量水煮至沸，加入胡萝卜、油菜、葱、香菇焖煮，再加入盐调味即可。

制作指导
　　也可加少许鸡精调味，口感更鲜。

山药绿豆汤

材料
新鲜紫山药………… 140 克
绿豆……………… 100 克
砂糖………………20 克

做法

❶ 绿豆以水泡至膨胀，沥干水分后放入锅中，加入清水，以大火煮沸，再转小火续煮40分钟至绿豆软烂，加入砂糖搅拌至溶化后熄火。

❷ 山药去皮切丁，另外准备一锅沸水，放入山药丁煮熟后捞起，与绿豆汤混合即可。

菠萝甜汤

材料
新鲜菠萝片…………25 克
苦瓜………………35 克
胡萝卜、盐各适量

做法

❶ 菠萝洗净，切薄片；苦瓜去子，洗净，切片；胡萝卜去皮，洗净，切片备用。

❷ 锅中加水，开中火，将苦瓜、胡萝卜、菠萝入锅煮，待水沸后转小火将材料煮熟，最后加少许盐调味即可。

西红柿雪梨汤

材料
雪梨………………… 1 个
西红柿、洋葱、芹菜、番茄酱、
蜂蜜、葡萄酒、奶油、盐各适量

做法

❶ 雪梨、西红柿洗净，去皮，切块；洋葱洗净，切丝；芹菜洗净烫熟，切粒。

❷ 锅上火，奶油放入锅中加热，下入洋葱丝、西红柿块炒软，倒入清水，再加雪梨和番茄酱、蜂蜜、盐煮开，中火煮沸5分钟，淋入葡萄酒，撒入芹菜粒即可。

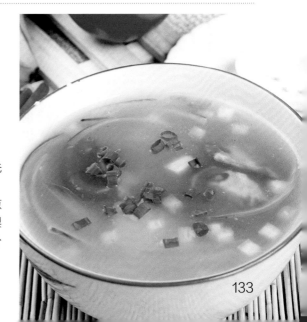

核桃冰糖炖梨

核桃不仅极具营养价值，而且口感很好，其良好的健脑效果和营养价值被世人所推崇，享有"万岁子"的美称。

材料
核桃仁·····················70 克
梨·······················150 克
冰糖·····················30 克

做法
❶ 梨洗净，去皮去核，切块；核桃仁洗净。
❷ 将梨块、核桃仁放入瓦煲中，加入适量清水，用小火煲30分钟，再下入冰糖调味即可。

制作指导
也可加少许枸杞子、芝麻，滋补效果更佳。

PART 4
美白塑身菜

常常为减肥苦恼不已的您，完全可以在享受美味的同时又不知不觉变成"瘦美人"。在本章中，我们精心为您挑选了上百道瘦身排毒的菜肴，丰富的菜式，简单的制作方法，让您每天变着花样，越吃越瘦。

木瓜炒银芽

绿豆芽富含微量元素和生物活性水，可以淡化雀斑、黑斑，使皮肤变白。

材料

木瓜……………… 250 克

绿豆芽…………… 200 克

盐………………… 3 克

香油……………… 10 毫升

味精……………… 2 克

做法

❶ 将木瓜去皮，掏净里面的籽，洗净，切成小长条备用；绿豆芽洗净，掐去头尾备用。

❷ 炒锅内放油烧热，加入木瓜和绿豆芽，并放入盐和味精，一起翻炒至熟后淋上香油，装盘即可。

制作指导

　　正常的绿豆芽略呈黄色、不太粗、水分适中、无异味；不正常的绿豆芽颜色发白、绿豆粒发蓝、芽茎粗壮、水分较多、有化肥的味道。

清炒西蓝花

材料

西蓝花……………… 500 克
香油……………… 10 毫升
盐………………… 3 克
味精……………… 2 克

做法

❶ 西蓝花洗净，切成小块待用。

❷ 锅中加入适量清水烧沸，下入西蓝花焯至变色后，捞出沥干水分。

❸ 锅烧热，加油，放进西蓝花滑炒，炒熟后加盐、味精炒匀，浇上香油装盘即可。

五仁菠菜

材料

菠菜……………… 300 克
花生仁……………… 50 克
炸豌豆……………… 30 克
玉米、松子、盐、熟芝麻、香油各适量

做法

❶ 菠菜择洗干净，焯熟后切段；玉米、松子洗净，煮熟，捞出，沥水；花生仁炸熟。

❷ 将上述全部材料及炸豌豆、熟芝麻放入容器，加入盐、香油拌匀即可。

炝拌南瓜丝

材料

南瓜……………… 400 克
盐………………… 3 克
糖………………… 20 克
香油……………… 10 毫升

做法

❶ 南瓜洗净，去皮，切丝备用。

❷ 将南瓜丝放入开水中烫熟，捞出，沥干水分，放入大碗中。

❸ 将糖、盐、香油搅匀，淋在南瓜丝上搅拌均匀，装盘即可。

爽口黄瓜卷

材料

黄瓜⋯⋯⋯⋯⋯⋯ 150 克

大蒜⋯⋯⋯⋯⋯⋯50 克

盐⋯⋯⋯⋯⋯⋯⋯ 3 克

醋⋯⋯⋯⋯⋯⋯⋯ 8 毫升

做法

❶ 黄瓜洗净，去肉，留皮，切成小块，瓜肉切成条；大蒜洗净，切成小丁。

❷ 黄瓜皮、大蒜分别用盐、醋腌制30分钟。

❸ 大蒜、瓜肉条放黄瓜皮上，卷成卷即可。

鲜橙醉雪梨

材料

雪梨⋯⋯⋯⋯⋯⋯ 400 克

橙子⋯⋯⋯⋯⋯⋯ 200 克

白糖⋯⋯⋯⋯⋯⋯20 克

做法

❶ 雪梨去皮，从中间切开去核，切片，入开水中稍焯，用水冲凉，沥干水分，入碗。

❷ 橙子去皮，挤汁，加入白糖拌匀。

❸ 将雪梨用橙汁浸泡1小时即可。

凉拌银芽

材料

绿豆芽⋯⋯⋯⋯⋯⋯ 200 克

黄瓜丝⋯⋯⋯⋯⋯⋯ 少许

盐⋯⋯⋯⋯⋯⋯⋯ 3 克

醋、生抽、香油、红椒丝各适量

做法

❶ 绿豆芽洗净；黄瓜丝、红椒丝分别焯水。

❷ 锅中加入水烧沸，放入绿豆芽焯熟后，捞起并装入盘中，再放入黄瓜丝、红椒丝。

❸ 加入盐、醋、生抽、香油拌匀即可。

什锦蔬菜沙拉

　　洋葱含有前列腺素 A，能降低外周血管阻力，降低血黏度，可用于降低血压、提神醒脑、缓解压力、预防感冒。

材料

洋葱圈·····················50 克
青瓜·····················100 克
西芹·····················100 克
青波椒·····················100 克
红波椒·····················100 克
玉米笋、苦菊、生菜、圣女果、
醋、沙拉油、胡椒粉、盐、
干葱蓉各适量

做法

❶ 生菜洗净，沥水，铺在碟中；其他材料洗净，切条，倒入盘中。
❷ 将醋、沙拉油、胡椒粉、盐、干葱蓉放在一起搅拌成沙拉汁。
❸ 将搅拌好的沙拉汁倒入装材料的盘中拌匀，再盛装在铺有生菜的碟中，加圣女果装饰即可。

制作指导

　　在切洋葱前，把菜刀在冷水中浸一会儿，再切时眼睛就不会因受挥发物质刺激而流泪了。

南乳炒莲藕

材料

莲藕··················· 500 克

南乳（红腐乳）········· 50 克

红椒·················· 50 克

青椒、香油、盐各适量

做法

❶ 莲藕去皮，洗净，切成薄片；青椒、红椒洗净，切小块。

❷ 锅中放油，加入藕片、青椒、红椒翻炒。

❸ 将腐乳搅拌均匀，倒进炒锅，再加入香油、盐，炒匀、炒熟即可。

香菜胡萝卜丝

材料

胡萝卜················· 500 克

香菜·················· 20 克

盐、生抽、香油各适量

做法

❶ 胡萝卜洗净，切丝；香菜洗净，切段。

❷ 将胡萝卜丝放入开水稍烫，捞出，沥干水分，放入容器。

❸ 加入香菜，再加盐、生抽、香油搅拌均匀，装盘即可。

土豆丝粉条

材料

土豆、红薯粉各······ 250 克

芹菜·················· 100 克

小尖椒、盐、香油各适量

做法

❶ 土豆洗净，切丝；芹菜洗净，切段；红薯粉泡发；小尖椒洗净。

❷ 锅内放油烧热，下尖椒爆香，放土豆丝、红薯粉和芹菜滑炒。

❸ 炒至将熟时，下入盐炒匀，淋上香油装盘即可。

蒜片炒木耳

材料

野生黑木耳………… 200 克

红椒…………………30 克

蒜、香菜、香油、盐各适量

做法

❶ 野生黑木耳洗净，用温水泡发，切碎，放
开水中焯熟，捞起沥干水，装盘晾凉。

❷ 蒜去皮，切成片；红椒洗净，切小片；香
菜洗净，切碎。

❸ 油锅烧热，放红椒、蒜片、香菜，炝香盛
出，与香油、盐拌匀，淋木耳上。

青红椒双耳

材料

水发黑木耳……………80 克

水发银耳………………80 克

青椒圈…………………30 克

红椒圈…………………30 克

盐、味精、香油、醋各适量

做法

❶ 黑木耳、银耳洗净，焯水后捞出放碗中。

❷ 将醋、香油、盐、味精、青椒圈、红椒圈
一起拌匀，淋在黑木耳、银耳上即可。

莴笋木耳

材料

黑木耳……………… 250 克

莴笋……………………50 克

红椒、醋、香油、盐各适量

做法

❶ 将黑木耳洗净，泡发，切成大片，放开水
中焯熟，捞起沥干水。

❷ 莴笋去皮洗净，切薄片；红椒切小块，一
起放开水中焯至断生，捞起沥干水。

❸ 把黑木耳、莴笋、红椒与醋、香油、盐一
起装盘，拌匀即可。

青红椒水萝卜

　　水萝卜脆嫩、味甘甜,比辣味较大类萝卜轻,适宜生吃,有促进胃肠蠕动、增进食欲、帮助消化等作用。

材料

水萝卜……………… 400 克

青椒…………………20 克

红椒…………………20 克

盐…………………… 3 克

味精………………… 3 克

陈醋……………… 5 毫升

辣椒油…………… 5 毫升

做法

❶ 水萝卜洗净,切花状,摆入盘中;青椒、红椒洗净,切圈;将盐、味精、陈醋、辣椒油调成味汁。

❷ 将青椒、红椒入开水锅稍烫后,捞出撒在水萝卜上。

❸ 淋上味汁即可。

制作指导

　　吃多了油腻的食物,不妨吃上几个水萝卜,有不错的解油腻效果。

玉米拌芥蓝

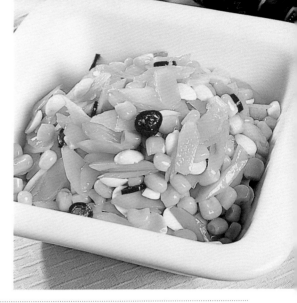

材料

芥蓝·················· 200 克

玉米粒··············· 200 克

杏仁·················· 150 克

红尖椒、香油、盐、糖各适量

做法

❶ 芥蓝去皮切片，煮熟；杏仁泡发，蒸熟；玉米粒洗净，煮熟；红尖椒洗净切圈，入沸水稍烫后捞出。

❷ 将熟的杏仁、芥蓝、玉米粒加香油、盐、糖拌匀，撒上红尖椒即可。

五彩拌菜

材料

杏仁、玉米粒各········40 克

四季豆、核桃仁各······50 克

红豆、盐、醋、红椒片各适量

做法

❶ 杏仁泡发洗净；玉米粒、红豆均洗净；四季豆洗净，切段；核桃仁洗净。

❷ 杏仁蒸熟，其他四物均煮熟，捞出沥干，红椒片入开水微烫后捞出。

❸ 加入盐，淋上醋拌匀，撒上红椒片即可。

杏仁苤蓝丝

材料

杏仁·····················50 克

苤蓝·················· 250 克

盐、老抽、醋、香油、香菜各适量

做法

❶ 将苤蓝洗净，切丝；杏仁和香菜洗净。将以上材料加入沸水中焯熟，装入盘中。

❷ 将老抽、盐、醋调成味汁，淋入盘中拌匀，再淋上香油即可。

红椒核桃仁

材料

核桃仁⋯⋯⋯⋯⋯⋯⋯100 克

甜豆⋯⋯⋯⋯⋯⋯⋯⋯50 克

红椒⋯⋯⋯⋯⋯⋯⋯⋯30 克

盐、味精、香油、黄瓜片、萝卜片各适量

做法

❶ 核桃仁洗净；甜豆洗净，切段，与黄瓜片、萝卜片一起入盐水锅焯水后捞出，摆入盘中。

❷ 红椒洗净，切片，焯水后与核桃仁、甜豆同拌，再调入盐、味精、香油拌匀即可。

红枣莲子

材料

红枣⋯⋯⋯⋯⋯⋯⋯⋯ 100 克

莲子⋯⋯⋯⋯⋯⋯⋯⋯50 克

生菜⋯⋯⋯⋯⋯⋯⋯⋯ 1 棵

蜂蜜⋯⋯⋯⋯⋯⋯⋯⋯80 克

做法

❶ 生菜洗净，铺入盘底。

❷ 红枣泡发；莲子去心，洗净，与红枣分别在沸水中煮熟后捞出，加入蜂蜜拌匀，再取出装入生菜盘中即可。

桂花莲子红枣

材料

红枣⋯⋯⋯⋯⋯⋯⋯⋯ 100 克

莲子⋯⋯⋯⋯⋯⋯⋯⋯50 克

桂花蜜⋯⋯⋯⋯⋯⋯⋯80 克

做法

❶ 红枣以温水泡发；莲子去心，洗净，与红枣分别在沸水中煮熟后捞出。

❷ 将莲子、红枣一同加入桂花蜜中拌匀，取出装盘即可。

冰冻葡萄球

葡萄的营养价值很高，葡萄汁被科学家誉为"植物奶"。葡萄含糖量达 8%~10%，以葡萄糖为主，所以葡萄成为消化能力较弱者的理想果品。

材料

葡萄·················· 200 克
糖······················· 5 克
蜂蜜·················· 少许

做法

❶ 葡萄洗净，去皮，放入盘中。
❷ 用糖、蜂蜜与少许白开水调成汁，浇在葡萄上。
❸ 将葡萄放入冰箱中冷冻10分钟取出即可。

制作指导

葡萄在种植过程中喷洒了化学物质，因此食用前要仔细清洗；采摘时要用剪刀将小串葡萄连茎一起取下，否则茎会干，单个葡萄会变皱。

板栗醉枣

材料

板栗······················ 100 克
红枣······················ 200 克
糖························· 5 克
蜂蜜······················ 10 克

做法

❶ 板栗去壳、洗净；红枣泡发、洗净。

❷ 锅内注水，放入板栗、红枣煮至熟后，捞起晾干。

❸ 将煮熟的板栗与红枣放入盘中，加入糖、蜂蜜拌匀即可。

口蘑拌花生

材料

口蘑······················50 克
花生仁···················· 250 克
青椒······················ 5 克
红椒、盐、味精、生抽各适量

做法

❶ 将口蘑、青椒、红椒洗净，改刀，与花生仁一起放入沸水中焯熟后捞出沥干。

❷ 将盐、味精、生抽调匀，淋在口蘑、花生仁上，再撒上青椒、红椒拌匀即可。

芹菜黄豆

材料

芹菜······················ 100 克
黄豆······················ 200 克
盐、醋、生抽、干辣椒各适量

做法

❶ 芹菜洗净，切段；黄豆浸泡在水中待用；干辣椒洗净，切段。

❷ 锅内注水烧沸，分别放入芹菜与浸泡过的黄豆焯熟，捞起沥干，并装入盘中。

❸ 将干辣椒入油锅炝香后，加入盐、醋、生抽拌匀，淋在黄豆、芹菜上即可。

酒酿黄豆

材料

黄豆···················· 200 克

醪糟···················· 100 克

做法

❶ 黄豆用清水浸泡8小时后去皮、洗净，捞出待用。

❷ 把洗好的黄豆放入碗中，倒入准备好的部分醪糟，放入蒸锅里蒸熟。

❸ 在蒸熟的黄豆里点入一些新鲜的醪糟拌匀即可。

洋葱鸡

材料

鸡······················· 1 只

小洋葱················· 200 克

盐、醋、香油、葱段各适量

做法

❶ 鸡处理干净，用盐、老抽调成汁，均匀地涂抹在鸡身，腌制5分钟后，蒸熟；小洋葱洗净。

❷ 取出鸡，剁成块装碗，加盐、醋、香油拌匀入盘，搭配小洋葱、葱段食用即可。

鸡丝凉皮

材料

熟鸡脯肉·············· 100 克

凉皮···················· 200 克

黄瓜···················· 100 克

芝麻、盐、香油、红油各适量

做法

❶ 凉皮放进沸水中焯熟，捞起控干水，装盘晾凉；黄瓜洗净，切成丝；将鸡脯肉撕成细丝，与黄瓜丝、凉皮一起装盘。

❷ 将香油、红油、芝麻、盐调匀，浇于盘中即可。

黄瓜圣女果

　　黄瓜中所含的葡萄糖苷、果糖等不参与通常的糖代谢，故糖尿病患者如以黄瓜代淀粉类食物充饥，血糖非但不会升高，甚至会降低。

材料

黄瓜·················· 600 克

圣女果·············· 300 克

白糖·················· 10 克

做法

❶ 黄瓜洗净，切段；圣女果洗净。

❷ 将白糖倒入装有清水的碗中，至完全溶化，备用。

❸ 将黄瓜、圣女果投入糖水中腌制30分钟，取出后逐一摆盘即可。

制作指导

　　不要使用普通的洗涤剂清洗黄瓜，因为洗涤剂本身含有的化学成分容易残留在黄瓜上，对人体健康不利。最好的办法是使用用盐水冲洗黄瓜。

蚕豆炒虾仁

材料

蚕豆·················· 250 克

虾仁··················80 克

香油、生抽、味精、盐各适量

做法

❶ 虾仁洗净，放入盐水中泡10分钟，捞出沥水；蚕豆去壳洗净，焯烫后捞出，沥水。

❷ 锅中加入油烧热，下入蚕豆，炒熟盛盘。

❸ 再将油锅烧热，加入虾仁、香油、生抽、味精、盐炒香，倒在蚕豆上即可。

西蓝花虾仁

材料

西蓝花·················· 250 克

虾仁·················· 150 克

葱、姜、料酒、盐、味精各适量

做法

❶ 葱洗净切段；姜洗净切片；西蓝花洗净，切小朵；虾处理干净，加料酒、盐、葱、姜调匀腌制，然后拣出葱、姜。

❷ 将虾仁与西蓝花放碗中，加盐及味精，放入微波炉加热至熟即成。

凉拌海蜇萝卜丝

材料

海蜇·················· 250 克

白萝卜·················· 250 克

香油、盐、味精各适量

做法

❶ 海蜇、白萝卜分别洗净、切丝。

❷ 水烧开，将萝卜丝、海蜇丝分别放进开水中焯熟，捞起控干水，晾凉装盘。

❸ 将香油、盐和味精调好，加入萝卜、海蜇丝中拌匀即可。

娃娃菜拌海蜇

材料

娃娃菜……………… 150 克

海蜇……………… 150 克

盐、香油、味精、红椒丝各适量

做法

❶ 娃娃菜洗净，焯水后捞出，切丝；海蜇治净，氽水后捞出，切片。

❷ 红椒丝焯水后，与娃娃菜、海蜇拌匀，再调入盐、味精拌匀。

❸ 淋入香油即可。

彩椒墨鱼片

材料

墨鱼肉……………… 400 克

彩椒……………… 100 克

盐、味精、醋、料酒各适量

做法

❶ 墨鱼肉洗净，切片；彩椒洗净，切片。

❷ 锅内注油烧热，放入墨鱼片翻炒至变色后，加入彩椒炒匀，再加入盐、醋、料酒炒入味，炒熟后加入味精调味，起锅装盘即可。

腰果银鳕鱼

材料

银鳕鱼……………… 300 克

淀粉……………… 15 克

西芹段、熟腰果、胡萝卜片、料酒、盐、鲜汤、香油各适量

做法

❶ 银鳕鱼收拾干净，切丁；小碗内加入鲜汤、水淀粉调制成芡汁。

❷ 油锅烧热，下入鱼丁、西芹、熟腰果、胡萝卜片煸炒，加入盐、料酒，再淋入兑好的芡汁翻炒均匀，最后淋香油即可。

玉米沙拉

西红柿独特的酸味可刺激胃液分泌，促进胃肠蠕动，有利于将肠内吸附的多余脂肪排泄出来。

材料

嫩玉米粒……………… 300 克

西红柿……………… 100 克

豌豆……………… 100 克

沙拉酱……………… 30 克

做法

❶ 将玉米粒洗净，加适量清水煮熟。

❷ 西红柿洗净，放入沸水中稍烫，捞出剥去皮，去籽，切丁；豌豆洗净，加适量清水煮熟。

❸ 将玉米粒、西红柿丁、豌豆盛入碗中，加入沙拉酱拌匀即可。

制作指导

西红柿生食较好，不宜长久加热烹制，否则会失去原有的营养与味道。

菠菜拌四宝

材料
菠菜···················· 200 克
玉米粒·················40 克
花生仁·················50 克
枸杞子、杏仁、盐、醋、香油各适量

做法
❶ 菠菜、杏仁、玉米粒、枸杞子、花生仁洗净，用沸水焯熟后待用。
❷ 将焯熟后的菠菜放入盘中，再加入杏仁、玉米粒、枸杞子、花生仁。
❸ 加入盐、醋、香油，拌匀即可。

冰镇黄瓜

材料
黄瓜···················· 400 克
冰块···················· 800 克
盐、味精、酱油、芥末各适量

做法
❶ 黄瓜洗净，斜切块；盐、味精、酱油、芥末调成味汁，装碟备用。
❷ 将每 4 片黄瓜组合成一份，放在冰块上冰镇1小时。
❸ 将冰镇好的黄瓜蘸调好的味汁食用即可。

黄瓜胡萝卜泡菜

材料
胡萝卜··················· 150 克
黄瓜···················· 150 克
盐、味精、醋、泡椒各适量

做法
❶ 在适量清水中加入盐、味精、醋、泡椒，调成泡汁备用。
❷ 胡萝卜、黄瓜均洗净，切长条，置泡汁中浸泡1天。
❸ 捞出摆入盘中即可。

黄瓜梨爽

材料

黄瓜……………………… 200 克
梨…………………………… 300 克
白糖……………………… 10 克
樱桃……………………… 1 个

做法

❶ 黄瓜去皮，洗净，切薄条；梨去皮，洗净，切块。

❷ 将白糖倒入装有清水的碗中，至完全溶化后，淋在黄瓜、梨上，以樱桃点缀即可。

菠萝苦瓜

材料

苦瓜……………………… 300 克
菠萝……………………… 300 克
圣女果…………………50 克
盐、白糖各适量

做法

❶ 苦瓜洗净，剖开去瓤，切条；菠萝去皮，洗净，切块；圣女果洗净对切。

❷ 苦瓜入沸水稍烫，捞出沥干，加盐腌制。

❸ 将以上材料盛入盘中，加白糖拌匀即可。

杏仁拌苦瓜

材料

杏仁…………………………50 克
苦瓜……………………… 250 克
枸杞子、香油、盐、鸡精各适量

做法

❶ 苦瓜洗净，剖开，去瓤，切片，入沸水中焯至断生，捞出，沥干水分，放入碗中。

❷ 杏仁用温水浸泡，撕去外皮，掰成两瓣，放入开水中烫熟；枸杞子洗净、泡发。

❸ 将香油、盐、鸡精与苦瓜搅拌均匀，撒上杏仁、枸杞子即可。

海鲜沙拉船

哈密瓜富含蛋白质、维生素和纤维素等，有促进体内毒素排出的作用。

材料

哈密瓜·················· 半个

虾····················· 150 克

蟹柳··················· 150 克

胡萝卜··················50 克

芹菜、盐、生姜、沙拉酱各适量

做法

❶ 哈密瓜去瓤，修边作为器皿；芹菜洗净，切段；胡萝卜洗净，切花片；虾去除虾线，洗净；蟹柳洗净，切段，备用。

❷ 芹菜、胡萝卜入沸水稍烫，捞出；虾、蟹柳入清水锅，加盐、生姜煮好，捞出；将上述备好的食材与哈密瓜肉一起放入器皿，食用时蘸取沙拉酱即可。

制作指导

　　成熟度过高的哈密瓜，不宜保存，最好迅速吃掉；成熟度适中的哈密瓜可以用保鲜袋装好，直接放进冰箱保鲜柜内保存。

水晶苦瓜

材料

苦瓜…………………… 100 克

枸杞子…………………… 3 克

盐、味精、醋、生抽各适量

做法

❶ 苦瓜洗净，去皮，切片，放入加有盐、油的水中焯熟；枸杞子洗净，入沸水中焯烫，备用。

❷ 将盐、味精、醋、生抽调成味汁。

❸ 将味汁淋在苦瓜上，再撒上枸杞子即可。

大刀莴笋片

材料

莴笋…………………… 400 克

枸杞子……………………30 克

盐、味精、白糖、香油各适量

做法

❶ 将莴笋去皮，洗净后用刀切成大刀片，放开水中焯至断生，捞起沥干水，装盘。

❷ 枸杞子洗净，入开水中烫熟，撒在莴笋片上；把盐、味精、白糖、香油一起放碗中拌匀，淋在莴笋片上即可。

清爽萝卜

材料

白萝卜…………………… 400 克

泡青椒…………………… 2 个

泡红椒……………………50 克

盐、味精、醋、香油各适量

做法

❶ 白萝卜去皮，洗净，切片。

❷ 在适量水中加入泡青椒、泡红椒、醋、香油、盐、味精，调匀成味汁。

❸ 将白萝卜用味汁浸泡1天，摆盘即可。

双味芦荟

材料

芦荟⋯⋯⋯⋯⋯⋯⋯ 250 克
蜂蜜⋯⋯⋯⋯⋯⋯⋯ 10 克
盐、芥末、酱油、味精各适量

做法

❶ 芦荟洗净，去皮，切块，放入加有蜂蜜的水中焯一下，捞出。

❷ 将蜂蜜加温水调匀，做成甜味碟；将盐、酱油、味精调匀，装入味碟，挤上芥末，做成辣味碟；将甜味碟与辣味碟同时上桌，按个人喜好蘸食即可。

杏仁西芹

材料

西芹⋯⋯⋯⋯⋯⋯⋯ 200 克
杏仁⋯⋯⋯⋯⋯⋯⋯20 克
盐、醋、红椒、香菜各适量

做法

❶ 西芹洗净，切丝；杏仁洗净；红椒洗净，切圈，用沸水焯熟；香菜洗净。

❷ 锅内注水烧沸，放入西芹与杏仁焯熟后，捞起放入盘中，加入盐、醋拌匀。

❸ 撒上红椒圈、香菜即可。

葱油西芹

材料

西芹⋯⋯⋯⋯⋯⋯⋯ 500 克
红椒⋯⋯⋯⋯⋯⋯⋯30 克
葱油、盐、味精、香油各适量

做法

❶ 将西芹去叶，洗净，切成斜段，放开水中焯熟，捞出沥干水。

❷ 红椒洗净，切小块，放沸水中焯熟后，捞起沥干水，与西芹一起摆好盘。

❸ 把葱油、盐、味精、香油一起放碗中，调匀成调味汁，再淋在西芹和红椒上即可。

金枪鱼背刺身

金枪鱼肉低脂肪、低热量，常食可以保持苗条的身材，还可以平衡身体所需的营养。

材料

金枪鱼背……………… 140 克
柠檬角………………… 1 个
海草…………………… 100 克
青瓜丝………………… 100 克
萝卜丝………………… 100 克
冰块、散装芥辣、豉油各适量

做法

❶ 将冰块打碎装盘，摆上花草作装饰。

❷ 金枪鱼背洗净，切成9片，用海草、青瓜丝、萝卜丝垫底，再摆上金枪鱼背。

❸ 放入柠檬角、芥辣，淋上豉油即可。

制作指导

金枪鱼买回家后，要放入冰箱冷藏保存，且应在2~3天内尽快食用完毕；亦可冷冻保存，但解冻后会影响口感。

什锦沙拉

材料

黄瓜·····················50 克
胡萝卜·····················50 克
西红柿·····················80 克
包菜、沙拉酱各适量

做法

❶ 黄瓜、胡萝卜均洗净，切片，胡萝卜入沸水稍烫，捞出，沥干水分；西红柿洗净，切瓣；包菜入沸水稍烫，捞出沥干。

❷ 将备好的材料装盘，蘸沙拉酱食用即可。

蔬菜沙拉

材料

紫甘蓝····················· 100 克
罐头玉米············· 100 克
圣女果、黄瓜片、包菜、生菜、胡萝卜、青椒、沙拉酱各适量

做法

❶ 生菜洗净，放碗底；胡萝卜、紫甘蓝、包菜、青椒洗净切丝，均焯熟；圣女果洗净。

❷ 紫甘蓝、包菜、青椒与黄瓜、圣女果、罐头玉米一起放入碗中，淋沙拉酱即可。

什锦水果沙拉

材料

哈密瓜·····················50 克
苹果·····················50 克
雪梨·····················50 克
火龙果·····················25 克
西红柿····················· 4 个
橙子、西瓜、沙拉酱各适量

做法

❶ 把所有水果材料洗净，去皮后切成方形。

❷ 将切好的水果方块放入盘内。

❸ 调入沙拉酱，拌匀即可。

黄豆芽拌荷兰豆

材料

黄豆芽·················· 100 克

荷兰豆···················80 克

菊花瓣·················· 10 克

红椒、盐、生抽、香油各适量

做法

❶ 黄豆芽洗净，入沸水中焯熟，捞出装盘；荷兰豆、红椒洗净，切丝，入沸水中焯熟，装盘；菊花瓣洗净，入沸水中焯熟。

❷ 将盐、生抽、香油调匀，淋在黄豆芽、荷兰豆上拌匀，撒上菊花瓣、红椒丝即可。

冰晶山药

材料

山药·················· 200 克

甜椒·····················50 克

冰块、生菜、糖、盐各适量

做法

❶ 山药洗净，去皮，切成条，泡在盐水中；甜椒洗净，切成丝备用；生菜洗净装盘。

❷ 将上述材料入沸水中稍烫，捞出，沥干。

❸ 将山药、甜椒、冰块放入容器，加糖搅拌均匀，装盘即可。

红薯拌包菜

材料

红薯·················· 200 克

包菜·····················30 克

黄瓜·················· 150 克

西红柿·················· 150 克

沙拉酱··················30 克

做法

❶ 包菜洗净；黄瓜洗净，切小段；西红柿洗净，切小块；红薯洗净，去皮，切块。

❷ 将包菜放入沸水中稍烫后，盛入盘中。

❸ 将备好的材料装盘，食用时蘸沙拉酱即可。

清爽木瓜

材料
木瓜······················ 300 克
番茄酱····················20 克
橙汁······················50 毫升
巧克力屑················ 少许

做法
❶ 木瓜洗净，切开去子，以挖球器挖成球
　 状，装入盘中。
❷ 将番茄酱和橙汁淋在木瓜上。
❸ 撒上巧克力屑即可。

桂花山药

材料
桂花酱····················50 克
山药······················ 250 克
白糖······················20 克

做法
❶ 山药去皮，洗净，切片，放入开水锅中焯
　 水后，捞出沥干。
❷ 锅上火，放清水，下白糖、桂花酱烧开至
　 呈浓稠状味汁。
❸ 将味汁浇在山药片上即可。

银芽白菜

材料
粉丝······················100 克
白菜······················50 克
青椒丝、红椒丝、盐、醋、香菜各适量

做法
❶ 粉丝泡发，切段；白菜洗净，取梗部切
　 丝；香菜洗净，备用。
❷ 将大白菜梗丝和青椒丝、红椒丝下入沸水
　 中焯烫至熟后，捞出装盘，再加入粉丝。
❸ 将盐、醋搅匀，浇入盘中拌匀，撒上香菜
　 即可。